普通高等教育"十二五"规划教材—化学化工类
玉林师范学院化学与材料学院特色专业建设项目

物理化学实验及其数据处理

WULI HUAXUE SHIYAN JIQI SHUJU CHULI

主编○谢祖芳 晏 全 李冬青 何 军

西南交通大学出版社
·成 都·

图书在版编目（CIP）数据

物理化学实验及其数据处理 / 谢祖芳等主编.
—成都：西南交通大学出版社，2014.2（2015.10 重印）
普通高等教育"十二五"规划教材. 化学化工类
ISBN 978-7-5643-2891-7

Ⅰ. ①物… Ⅱ. ①谢… ②晏… ③李… ④何… Ⅲ.
①物理化学－化学实验－高等学校－教材 Ⅳ. ①O64-33

中国版本图书馆 CIP 数据核字（2014）第 022694 号

普通高等教育"十二五"规划教材——化学化工类

物理化学实验及其数据处理

主编　谢祖芳　晏全　李冬青　何军

责 任 编 辑	张宝华
封 面 设 计	何东琳设计工作室
出 版 发 行	西南交通大学出版社
	（四川省成都市金牛区交大路 146 号）
发 行 部 电 话	028-87600564　028-87600533
邮 政 编 码	610031
网　　　址	http：//www.xnjdcbs.com
印　　　刷	成都蓉军广告印务有限责任公司
成 品 尺 寸	185 mm × 260 mm
印　　　张	11.5
字　　　数	289 千字
版　　　次	2014 年 2 月第 1 版
印　　　次	2015 年 10 月第 2 次
书　　　号	ISBN 978-7-5643-2891-7
定　　　价	25.00 元

前　言

本教材由我校（玉林师范学院）化学与材料学院物理化学与结构化学教研室的从事物理化学实验教学的教师根据长期教学实践及教改项目的研究成果，并吸收兄弟院校的有益经验编写而成。

21 世纪的高等教育，注重素质教育和创新教育，并以"强化素质教育，注重能力培养"为目标，努力体现基础性、实践性、先进性。物理化学实验教学的目的已将各种能力的培养放在首位，即通过实验培养学生的实践能力、创新思维能力与初步进行科学研究的能力；实验研究方法也越来越向综合训练型和科学研究型发展，并且加强了现代信息技术在实验教学中的应用。本教材在编排上首先以验证性基础实验为主，系统地涵盖了化学热力学、化学动力学、电化学、表面化学、结构化学等方面的内容，目的是通过基础实验的学习与训练使学生了解和掌握物理化学的实验原理与方法之间的联系与实验方法的应用，培养学生的实践能力。其次，添加了综合与设计性实验，注重实验方法与手段的更新与发展，旨在培养学生的创新思维能力与初步进行科学研究的能力，以及引导学生了解与掌握物理化学的新进展、新技术与实践应用。

现代信息技术的高速发展对高等教育提出了新的更高的要求。在物理化学实验中，要求学生学会应用计算机处理实验数据，进行实验设计，提高分析、解决问题和知识应用等能力，因此用计算机处理实验数据已是必然趋势。本教材引入了当今世界上最著名的科技绘图和数据处理软件之一，即科技工作者广泛使用的 Origin 软件对物理化学实验数据进行处理，并对一些实验内容进行了改进与优化，突出了现代信息技术在物理化学实验中的应用。Origin 软件是世界上公认的快速、灵活、易学的工程制图软件，目前在我国的博士生、硕士生中使用较为普遍。该软件的功能强大齐全，对化工类的实验数据处理非常有用，并且使用 Origin 就像使用 Word 那样简单，不需编程，只要输入测量数据，然后再选择相应的菜单命令，点击相应的工具按钮，即可方便地进行有关计算、统计、作图、曲线拟合等处理。Origin 软件易学易用，简便快速，所以使用它进行实验数据处理是很好的选择。本书在编写中根据物理化学实验数据处理的基本要求，选择地介绍了 Origin 的基本功能和一般用法，以及有关实验数据处理的基本操作和方法，学生只要掌握最基本的操作，再经过上机练习和实验后的数据处理实践，就可以达到逐步掌握的目标。

在有关的实验中，编者给出了相应的用 Origin 处理实验数据的方法，并附有"Origin 软件处理物理化学实验数据应用指导"的操作视频光盘一张，以供使用和参考。该部分内容均为本教材编写者根据本校教学改革项目的研究成果编写而成，具有原创性，并已用于物理化学实验课程的教学中。

本书适用于本科院校化学及相关专业的物理化学实验课的教学及参考。本书在编写中，参考了国内外兄弟院校的教材与专著，从中得到了许多启发，在此深表谢意。

由于我们的水平和经验有限、编写时间仓促，书中不妥之处在所难免，敬请同行专家和读者不吝赐教，以使我们的教材能够得以进一步的改进和完善。

编　者

2013 年 6 月

目 录

第 1 章 绪 论

1.1 物理化学实验的目的和要求

物理化学实验是化学教学体系中一门独立的课程，是继大学物理实验、无机化学实验、分析化学实验、有机化学实验后的一门实验课程，起着承前启后的桥梁作用。物理化学实验涉及数学、物理、计算机、无机化学、分析化学、有机化学和物理化学等多学科的基础知识和基本原理的理解与运用，尤其与物理化学课程的关系最为密切。物理化学课程注重物理化学理论知识的掌握，而物理化学实验则要求学生能够熟练运用物理化学原理解决实际化学问题。在实验技能的培养方面，物理化学实验涉及精密仪器的使用和多种仪器的组装，是一门需要多学科理论与实践支撑的实践性很强的综合性课程，也是培养学生创新意识和创新能力的必须环节。

物理化学实验的主要目的是使学生初步了解物理化学的研究方法，掌握物理化学的基本实验技术和技能。要求学生正确记录实验数据和现象，正确处理实验数据和分析实验结果，从而加深对物理化学基本理论的理解，增强解决实际化学问题的能力。通过本课程的学习，使学生既具备坚实的实验基础，又具有初步的科研能力，实现由学习知识与技能到进行科学研究的初步转变，为后续的毕业论文设计及将来从事化学理论研究和与化学相关的实践活动打下良好的基础。

物理化学实验课和其他实验课一样，一是着重培养学生的动手能力。物理化学是整个化学学科的基本理论基础，物理化学实验是物理化学基本理论的具体化、实践化，是对整个化学理论体系的实践检验。物理化学实验方法不仅对化学学科十分重要，而且在实际生活中也有着广泛的应用，如对温度、压力等物理性质的测量，恒温的应用等。因此，对于物理化学实验我们不应仅局限于化学的范围，而应该在弄懂原理的基础上举一反三，把我们所学的实验方法应用于实际，这样才能真正有所收获。二是着重强调实验方法的重要性。方法的好坏对实验结果有直接的影响，对于每个物理化学性质往往都有几种不同的方法加以测定，如测定液体的饱和蒸气压有静态法、动态法、气体饱和法等多种方法，而对实验数据的处理往往也有几种不同的方法。因此，我们要学会对不同方法加以分析比较，找出各自的优缺点，从而在实际应用中更得心应手。我们在实验过程中应注意提高自己实际工作的能力，要勤于动手，多开动脑筋，钻研问题，做好每个实验。为了做好实验，要求做到下列几点。

1.1.1 实验前的预习

学生在实验前应认真仔细阅读实验内容，预先了解实验的目的、原理，了解所用仪器的构造和使用方法，了解实验操作过程，明确本次实验中要测定什么量、最终求算什么量、用什么实验方法、使用什么仪器、控制什么实验条件等，做到心中有数。应参考物理化学教材及有关资料,对实验方法有一个全面的了解,并在预习的基础上写出实验预习报告。预习报告要求写出实验目的、实验所需的仪器和试剂、实验步骤,并设计好实验数据记录表格等。预习报告应写在一个专用的本子上,并供实验时记录数据用,不得使用零散纸张记录,以保存完整的数据记录。

1.1.2　实验操作

在整个实验过程中,学生都应严格按照实验操作规程进行,并且应随时注意实验现象,尤其是一些反常的现象,不应放过,不要简单认为是自己操作失误就放弃了,应与指导老师商讨后再做出决定。记录实验数据和现象必须忠实、准确、完整,不得随意更改数据,或只记录"好"的数据,舍弃"不好"的数据。实验数据记录要表格化(应事先在预习报告本中设计好数据记录表格),字迹要清楚、整齐。在实验过程中还要积极思考,善于发现和解决实验中出现的各种问题。

1.1.3　实验报告

写实验报告是化学实验课程的基本训练,它能使学生在实验数据处理、作图、误差分析、问题归纳、逻辑思维等方面得到训练和提高,也可为今后写科学研究论文打下良好的基础。

学生应独立完成实验报告,并在下次实验时交指导教师批阅。

物理化学实验报告一般应包括实验目的、简明原理、仪器及试剂、实验装置简图、实验操作步骤、原始数据和数据处理、结果和讨论等项,如图 1.1 所示。

```
                物理化学实验报告要求
    实验名称 _____
    班级 _____ 姓名 _____
    同组者姓名 _____
    室温 _____ 气压 _____
    日期 _____

    一、目的和要求
    二、简明原理
    三、仪器和试剂
    四、实验装置简图
    五、实验步骤(简要书写)
    六、实验注意事项
    七、原始数据和数据处理
    八、结果和讨论
```

图 1.1

实验目的应简单明了,说明所用实验方法及研究对象。

实验原理主要阐明实验的理论依据,辅以必要的公式即可。

仪器装置用简图表示,并注明各部分名称(有时可用方块图表示)。

实验数据尽可能以表格形式表示，每一标题应有名称、单位。

把重点放在对数据的处理及对结果的讨论上。数据处理中应写出计算公式，并注明公式中所需的已知常数的数值，注意各数值所用的单位。需要计算的数据必须列出具体算式，若计算结果较多时，也应用表格形式表示，并根据数据处理结果提炼实验结论。要求学生能熟练运用 Excel、Origin 等计算机软件制表和作图。图及数据与实验报告粘贴在一起。

讨论的内容可包括对实验现象的分析和解释，以及关于实验原理、操作、仪器设计、实验误差和实验的改进意见等问题的讨论，或实验过程中的一些典型现象的分析，实验结果可靠性的讨论及与文献数据进行对比，成功与否的经验教训的总结和做实验的心得体会等。

书写实验报告时，要求开动脑筋、钻研问题、耐心计算、仔细写作，字迹清楚整洁。通过写实验报告，达到加深理解实验内容，提高写作能力和培养严谨科学态度的目的。

1.1.4　实验室规则

（1）实验时应遵守操作规则，遵守一切安全措施，保证实验安全进行。

（2）遵守纪律，不迟到，不早退，保持室内安静，不大声谈笑，不到处乱走，不许在实验室内嬉闹及搞恶作剧。

（3）使用水、电、煤气、药品试剂等都应本着节约和安全原则。

（4）未经老师允许不得乱动精密仪器，使用时要爱护仪器，如发现仪器损坏，应立即报告指导教师并追查原因。

（5）随时保持室内整洁卫生，火柴杆、纸张等废物只能丢入废物缸内，不能随地乱丢，更不能丢入水槽，以免堵塞。每个学生实验完毕后将玻璃仪器洗净，把实验桌面收拾好并擦干净。

（6）实验时要集中注意力，认真操作，仔细观察，积极思考，实验数据要及时如实详细地记在预习报告本上，不得涂改和伪造，如有记错可在原数据上画一杠，再在旁边记下正确值。

（7）实验结束后，由同学轮流值日，负责打扫整理实验室。公用仪器、试剂药品、公用实验桌面和实验室地面等要整理整洁，打扫干净，最后检查水、煤气、门窗是否关好，电闸是否拉掉，以保证实验室的安全。值日生要认真负责地做好值日工作。

实验室规则是人们长期从事化学实验工作的总结，是保持良好环境和工作秩序、防止意外事故、做好实验的重要前提，也是培养学生优良素质的重要措施。

1.2　物理化学实验中的误差分析及数据处理

1.2.1　有关数据处理的基本概念

1.2.1.1　真值和平均值

通过仪器测量某种物理量，仪器所示值称为测量值。在一定条件下，被测物理量客观存在的值称为真实值（真值）。真值在不同场合下有不同的含义，包括理论真值、规定真值和相对真值。

对于被测物理量，真值通常是个未知量，由于误差的客观存在，真值一般是无法测得的。测量次数无限多时，根据正负误差出现的概率相等的误差分布定律，在不存在系统误差的情况下，它们的平均值极为接近真值，因此在实验科学中将真值定义为无限多次观测值的平均值。

但实际测定的次数总是有限的，由有限次数求出的平均值，只能近似地接近于真值，可称此平均值为最佳值（或可靠值）。

常用的平均值有下面几种：

设 $x_1, x_2, \cdots, x_n$ 为各次的测量值，n 表示测量次数。

（1）算术平均值（这种平均值最常用）。

$$\bar{x} = \frac{x_1 + x_2 + \cdots + x_n}{n} = \frac{\sum\limits_{i=1}^{n} x_i}{n} \tag{1.1}$$

（2）均方根平均值。

$$\bar{x}_{均方} = \sqrt{\frac{x_1^2 + x_2^2 + \cdots + x_n^2}{n}} = \sqrt{\frac{\sum\limits_{i=1}^{n} x_i^2}{n}} \tag{1.2}$$

（3）几何平均值。

$$\bar{x}_{几何} = \sqrt[n]{x_1 \cdot x_2 \cdots x_n} = \sqrt[n]{\prod\limits_{i=1}^{n} x_i} \tag{1.3}$$

1.2.1.2　量的测定

一切物理量的测定，可分为直接测量和间接测量两种。直接表示所求结果的测量称为直接测量，如用天平称量物质的质量、用量筒测量液体的体积等。若所求结果为数个测量值以某种公式计算而得，这种测量称为间接测量。在间接测量中，每个直接测量值的准确度都会影响最后结果的准确性。

通过误差分析，我们可以查明直接测量的误差对结果的影响情况，从而找出误差的主要来源，以便于选择适当的实验方法，合理配置仪器，寻求测量的有利条件。

1.2.2　误差分析

1.2.2.1　研究误差的目的

物理化学实验以测量物理量为基本内容，并对所测数据加以合理的处理，得出某些重要的规律，从而研究体系的物理化学性质与化学反应间的关系。然而在物理量的实际测量中，无论是直接测量的量，还是间接测量的量，由于测量仪器、方法以及外界条件的影响等因素的限制，使得测量值与真值（或实验平均值）之间存在着一个差值，我们称之为测量误差。

研究误差的目的，不是要消除它，因为这是不可能的；也不是使它小到不能再小，这不一定必要，因为要花费大量的人力和物力。在实验研究工作中，一方面要拟订实验的方案，选择一定精度的仪器和适当的方法进行测量；另一方面必须将测得的数据加以整理归纳，进行科学的分析，并寻求被研究体系变量间的关系规律。但由于仪器和感觉器官的限制，实验测得的数据只能达到一定程度上的准确。研究误差的目的，就是要根据实验的要求，对实验应该和能够达到的精确度进行分析，从而选择合理的实验条件和方法，经济合理地选择仪器和使用试剂，确保实验结果可靠，并尽量降低成本和缩短实验时间；还应该运用误差知识，科学地分析处理数据，对所得数据给予合理的解释，抓住影响实验准确程度的关键，改进实验方法，提高实验水平。因此我们除了认真仔细地做实验外，还要有正确表达实验结果的能力，这两者同等重要。仅报告结果，而不同时指出结果的不确定程度的实验是没有价值的，所以我们要有正确的误差概念，必须对误差产生的原因及其规律进行研究。

1.2.2.2 误差的种类

根据误差的性质和来源，可将测量误差分为系统误差、偶然误差和过失误差。

（1）系统误差。

由某些固定不变的因素引起，这些因素影响的结果永远朝一个方向偏移，其大小及符号在同一组实验测量中完全相同。即在相同条件下，对某一物理量进行多次测量时，测量误差的绝对值和符号保持恒定（恒偏大或恒偏小），或随实验条件的改变按一定规律变化，这种测量误差称为系统误差。产生系统误差的原因有：

① 实验方法方面的缺陷。如使用了近似公式，或实验条件控制不严格，或测量方法本身受到限制。如据理想气体状态方程测量某种物质蒸气的相对分子质量时，由于实际气体与理想气体之间存在偏差，若不用外推法，测量结果总较实际的相对分子质量大。

② 仪器样品不良。如仪器零点偏差，温度计刻度不准，试剂纯度不符合要求等。

③ 操作者的不良习惯。如观察视线常偏高（或常偏低），计时常太早（或太迟）等。

系统误差决定了测量结果的准确度。通过校正仪器刻度、改进实验方法、提高药品纯度、修正计算公式等方法可减少或消除系统误差。但有时很难确定系统误差的存在，此时往往用几种不同的实验方法或改变实验条件，或者由不同的实验者进行测量，以确定系统误差的存在，并设法减少或消除之。

（2）偶然误差。

它是由某些不能预料的因素所造成的。在相同条件下对某一物理量做多次测量时，每次的测量结果都会不同，它们围绕着某一数值无规则地变动，误差绝对值时大时小，符号时正时负，这种测量误差称为偶然误差。产生偶然误差的原因可能有：

① 实验者对仪器最小分度值以下的估读，每次很难相同。

② 测量仪器的某些活动部件所指测量结果，每次很难相同，尤其是质量较差的电学仪器最为明显。

③ 影响测量结果的某些实验条件如温度值，不可能在每次实验中都控制得绝对不变。

偶然误差在测量时不可能避免，不可能消除，也无法估计，但是它服从统计规律，即它的大小和符号一般服从正态分布。若以横坐标表示偶然误差 δ，纵坐标表示实验次数 n（即偶然误差出现的次数），可得到图 1.2，其中 σ 为标准误差。

由图中曲线可知：① σ 愈小，分布曲线愈尖锐，即偶然误差小的出现的概率大。② 分布曲线关于纵坐标呈轴对称，即误差分布具有对称性，说明误差出现的绝对值相等，且正负误差出现的概率相等。当测量次数 n 无限多时，偶然误差的算术平均值趋于零：

$$\lim_{n \to \infty} \overline{\delta} = \lim_{n \to \infty} \frac{1}{n} \sum_{i=1}^{n} \delta_i = 0$$

因此，为减小偶然误差，常常对被测物理量进行多次重复测量，以提高测量的精密度。

（3）过失误差。

过失误差是一种与实际事实明显不符且无一定规律的误差，它主要是由实验人员粗心大意、操作不当造成的，如读错数据、记错或计算错误、操作失误等。在测量或实验时，只要认真负责是可以避免这类误差的。存在过失误差的观测值在实验数据整理时应该剔除。

1.2.2.3　准确度和精密度

准确度指的是测量值与真实值符合的程度。测量值越接近真实值，准确度越好。精密度指测量值的重现性及测量值有效数字的位

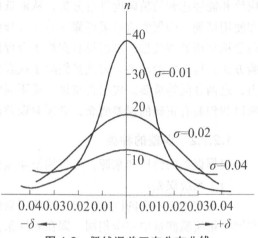

图 1.2　偶然误差正态分布曲线

数。测量值重现性好，有效数字位数多时，精密度就高。值得注意的是，测量的准确度和精密度是有区别的，精密度高的准确度不一定好；但若准确度好则需保证精密度要高。可以用射手打靶情况作一比喻，如图 1.3 所示，其中，图（a）表示准确度与精密度都很好；图（b）表示因能密集射中一个区域，其精密度很高，但准确度不高；图（c）表示准确度与精密度都不高。

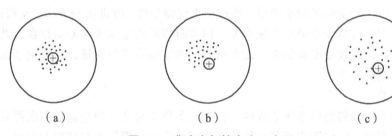

（a）　　　　　　　　　　（b）　　　　　　　　　　（c）

图 1.3　准确度与精密度示意图

应说明的是，真值一般是未知的或不可知的，通常以用正确的测量方法和经校正过的仪器进行多次测量所得算术平均值或文献手册上的公认值作为真值。

1.2.2.4　误差的表示方法

（1）绝对误差、绝对偏差和相对误差。

$$绝对误差\ \delta_i = 测量值\ x_i - 真值\ x_{真} \tag{1.4}$$

$$绝对偏差\ d_i = 测量值\ x_i - 平均值\ \bar{x} \tag{1.5}$$

$$平均值（或称算术平均值）\bar{x} = (\sum_{i=1}^{n} x_i)/n \tag{1.6}$$

式中，x_i 为第 i 次测量值，n 为测量次数。如前所述，$x_{真}$ 是未知的，习惯上以 $\bar{x}$ 作为 $x_{真}$，因而误差和偏差也混用而不加以区别。

$$相对误差 = \frac{\delta_i}{\overline{x}} \times 100\% \qquad (1.7)$$

绝对误差的单位与被测量的单位相同。而相对误差是无因次的，因此不同物理量的相对误差可以互相比较。此外，相对误差还与被测量的大小有关。所以在比较各种被测量的精密度或评定测量结果质量时，采用相对误差更合理些。

（2）平均误差和标准误差。

$$平均误差 \ \overline{\delta} = \frac{\sum\limits_{i=1}^{n}|x_i - \overline{x}|}{n} = \frac{1}{n}\sum\limits_{i=1}^{n}|\delta_i| \qquad (1.8)$$

标准误差又称为均方根误差，以 σ 表示，定义为

$$\sigma = \sqrt{\frac{1}{n-1}\sum\limits_{i=1}^{n}(x_i - \overline{x})^2} = \sqrt{\frac{1}{n-1}\sum\limits_{i=1}^{n}\delta_i^2} \qquad (1.9)$$

其中，$n-1$ 称为自由度，是指独立测定的次数减去在处理这些测量值时所用外加关系条件的数目。当测量次数 n 有限时，式（1.6）为外加条件，所以自由度为 $n-1$。

用标准误差表示精密度比用平均误差或平均相对误差好。用平均误差评定测量精度的优点是计算简单，缺点是可能把质量不高的测量掩盖了。而用标准误差时，测量误差平方后，较大的误差更显著地反映出来，更能说明数据的分散程度。因此在精密地计算测量误差时，大多采用标准误差。

（3）仪器的精确度。

误差分析限于对结果的最大可能误差的估计，因而对各直接测量的量只要预先知道其最大误差范围就够了。当系统误差已经校正，而操作控制又足够精密时，通常可以用仪器读数精密度来表示测量误差范围。

如果没有精度表示，对于大多数仪器来说，最小刻度的 1/5 可以看作其精密度，如玻璃温度计、液柱式压力（压差）计等。

1.2.2.5　可疑观测值的取舍

在平行测量中，当发现某个测量值偏离同组数据较多，或该测量值的偏差较大时，该测量值就是可疑值。可疑值是否舍弃，要根据误差理论进行分析。

下面介绍一种简便的判断方法。由概率论可知，误差大于 3σ 的测量值出现的概率只有 0.3%，通常把这一数值称为极限误差。所以，在一组相当多（$n>12$）的数据中，误差大于 3σ 的数据可以舍弃。但若只有少数几次测量值，概率论已不适用，对此采取的方法是先略去可疑的测量值，计算平均值和平均误差 ε，然后算出可疑值与平均值的偏差 d，如果 $d \geq 4\varepsilon$，则此可疑值可以舍去，因为这种观测值存在的概率大约只有 0.1%。

要注意的另一问题是，舍弃的数据个数不能超出总数据数的 1/5，舍弃可疑测量值后剩余数据不能少于 4 个，且当一数据与另一或几个数据相同时，也不能舍去。上述这种对可疑测量值的舍取方法只能用于对原始数据的处理，其他情况则不能。

1.2.2.6 重现性测量平均值误差

由于偶然误差的影响，当同一人或不同的人对同一物理量进行重现性测量时，所得测量平均值往往是不同的，人们把这种误差称为平均值误差（足够多次平行测量的平均值误差用 $\sigma_{\bar{x}}$ 表示；有限次平行测量的平均值误差用 $s_{\bar{x}}$ 表示）。平均值误差由下式计算：

$$\sigma_{\bar{x}} = \frac{\sigma}{\sqrt{n}} , \ \ s_{\bar{x}} = \frac{s}{\sqrt{n}} \tag{1.10}$$

1.2.2.7 测量结果的表达

表达测量结果时，不仅要列出测量平均值，还应给出测量误差，以便确定真实值出现的范围。对于无限多次平行测量，其结果可用下式表达：

$$x = \bar{x} \pm \sigma_{\bar{x}} \quad (P_r = 0.683) \tag{1.11}$$

式（1.11）表示的意义是：对某物理量进行无限多次平行测量时，真实值出现在（$\bar{x} \pm \sigma_{\bar{x}}$）范围内的概率（或置信度）为 68.3%。但是，随着平行测量次数的改变以及要求的置信度不同，真实值出现的置信区间是不同的。根据统计学原理，对于有限次平行测量，可用下式作为测量结果的一般表达形式：

$$x = \bar{x} \pm t s_{\bar{x}} \tag{1.12}$$

式（1.12）中，t 为选定的某一置信度下的概率系数，t 值与平行测量次数（n）及所要求的置信度有关（可查表 1.1）。

表 1.1 不同测量次数及不同置信度的 t 值

测量次数 n \ 置信度 (t值)	50%	90%	95%	99%	99.5%
2	1.000	6.314	12.706	68.657	127.32
3	0.816	2.920	4.303	9.925	14.089
4	0.765	2.353	3.182	5.841	7.453
5	0.741	2.132	2.776	4.604	5.598
6	0.727	2.015	2.571	4.032	4.773
7	0.718	1.943	2.447	3.707	4.317
8	0.711	1.895	2.365	3.500	4.029
9	0.706	1.860	2.306	3.355	3.832
10	0.703	1.833	2.262	3.250	3.690
11	1.700	1.812	2.228	3.169	3.581
21	0.687	1.725	2.086	2.845	3.153
∞	0.674	1.645	1.960	2.576	2.807

1.2.2.8　平行测量次数的确定

从式（1.12）及表 1.1 可以发现，置信区间（$\bar{x} \pm ts_{\bar{x}}$）受测量平均值误差、置信度及平行测量次数的制约。对于指定的置信度，平行测量次数越多，t 值就越小，求出的置信区间就越窄，即测量平均值与真实值越接近；给出的置信区间越大，要求的平行测量次数就越少，但平均值偏离真实值的程度也可能越大。因此，对某物理量需要进行多少次平行测量，要根据实际需要而定。例如：如果要求置信度为 90%，置信区间为（$\bar{x}-3s_{\bar{x}}$）$< x <$（$\bar{x}+3s_{\bar{x}}$），则平行测量次数至少为 3 次；但如果要求置信度为 95%，置信区间仍为（$\bar{x}-3s_{\bar{x}}$）$< x <$（$\bar{x}+3s_{\bar{x}}$），则平行测量次数至少为 5 次；换一个角度说，如果要求置信度为 90%，置信区间减小为（$\bar{x}-2s_{\bar{x}}$）$< x <$（$\bar{x}+2s_{\bar{x}}$），则平行测量次数至少为 7 次。

1.2.2.9　间接测量结果的误差——误差传递

大多数物理化学数据的测量，往往是把一些直接测量值代入一定的函数关系式中经过数学运算才能得到，这就是前面曾涉及的间接测量。显然，每个直接测量值的准确度都会影响最终结果的准确度，这时需要进行直接测量误差对间接测量结果误差的影响分析，以确定最终结果的准确度。

（1）平均误差和相对平均误差的传递。

设直接测量的物理量为 u_1, u_2, …, u_n，其平均误差分别为 du_1, du_2, …, du_n，最终结果为 N，其函数关系为

$$N = f(u_1, u_2, \cdots, u_n)$$

其全微分形式为

$$dN = \left(\frac{\partial N}{\partial u_1}\right)_{u_2, u_3, \cdots} du_1 + \left(\frac{\partial N}{\partial u_2}\right)_{u_1, u_3, \cdots} du_2 + \cdots + \left(\frac{\partial N}{\partial u_n}\right)_{u_1, u_2, \cdots} du_n \tag{1.13}$$

当各自变量的 Δu_i 很小时，可以代替 du_i，并考虑在最不利的情况下，直接测量的误差不能抵消，从而引起误差的累积，故取绝对值。式（1.13）变为

$$\Delta N = \left|\frac{\partial N}{\partial u_1}\right||\Delta u_1| + \left|\frac{\partial N}{\partial u_2}\right||\Delta u_2| + \cdots + \left|\frac{\partial N}{\partial u_n}\right||\Delta u_n| \tag{1.14}$$

ΔN 称为函数 N 的绝对算术平均误差。

式（1.14）两边同除以 N(其中 $N = f(u_1, u_2, \cdots, u_n)$)得

$$\frac{\Delta N}{N} = \frac{1}{f}\left(\left|\frac{\partial N}{\partial u_1}\right||\Delta u_1| + \left|\frac{\partial N}{\partial u_2}\right||\Delta u_2| + \cdots + \left|\frac{\partial N}{\partial u_n}\right||\Delta u_n|\right) \tag{1.15}$$

$\frac{\Delta N}{N}$ 称为函数 N 的相对算术平均误差。

讨论直接测量值与结果的不同函数关系时，运用式（1.14）和（1.15）可以计算误差传递。部分函数的平均误差计算公式列于表 1.2。

表 1.2　部分函数的平均误差计算公式

函数关系	绝对误差	相对误差
$y = x_1 + x_2$	$\Delta y = \pm\left(\lvert\Delta x_1\rvert + \lvert\Delta x_2\rvert\right)$	$\dfrac{\Delta y}{y} = \pm\left(\dfrac{\lvert\Delta x_1\rvert + \lvert\Delta x_2\rvert}{x_1 + x_2}\right)$
$y = x_1 - x_2$	$\Delta y = \pm\left(\lvert\Delta x_1\rvert + \lvert\Delta x_2\rvert\right)$	$\dfrac{\Delta y}{y} = \pm\left(\dfrac{\lvert\Delta x_1\rvert + \lvert\Delta x_2\rvert}{x_1 - x_2}\right)$
$y = x_1 \times x_2$	$\Delta y = \pm\left(x_2\lvert\Delta x_1\rvert + x_1\lvert\Delta x_2\rvert\right)$	$\dfrac{\Delta y}{y} = \pm\left(\dfrac{\lvert\Delta x_1\rvert}{x_1} + \dfrac{\lvert\Delta x_2\rvert}{x_2}\right)$
$y = x_1 / x_2$	$\Delta y = \pm\left(\dfrac{x_2\lvert\Delta x_1\rvert + x_1\lvert\Delta x_2\rvert}{x_2^2}\right)$	$\dfrac{\Delta y}{y} = \pm\left(\dfrac{\lvert\Delta x_1\rvert}{x_1} + \dfrac{\lvert\Delta x_2\rvert}{x_2}\right)$
$y = x^n$	$\Delta y = \pm\left(nx^{n-1}\Delta x\right)$	$\dfrac{\Delta y}{y} = \pm\left(n\dfrac{\lvert\Delta x\rvert}{x}\right)$
$y = \ln x$	$\Delta y = \pm\left(\dfrac{\Delta x}{x}\right)$	$\dfrac{\Delta y}{y} = \pm\left(\dfrac{\lvert\Delta x\rvert}{x\ln x}\right)$

（2）间接测量结果的标准误差计算。

设函数为 $u = f(\alpha, \beta, \cdots)$，式中 α, β 的标准误差分别是 $\sigma_\alpha, \sigma_\beta, \cdots$，则 u 的标准误差应为

$$\sigma_u = \left[\left(\frac{\partial u}{\partial \alpha}\right)^2 \sigma_\alpha^2 + \left(\frac{\partial u}{\partial \beta}\right)^2 \sigma_\beta^2 + \cdots\right]^{\frac{1}{2}} \tag{1.16}$$

部分函数的标准误差计算公式列于表 1.3。

表 1.3　部分函数的标准误差计算公式

函数关系	绝对误差	相对误差
$y = x_1 \pm x_2$	$\sigma_y = \pm\sqrt{\sigma_{x_1}^2 + \sigma_{x_2}^2}$	$\dfrac{\sigma_y}{y} = \pm\left(\dfrac{\sqrt{\sigma_{x_1}^2 + \sigma_{x_2}^2}}{\lvert x_1 \pm x_2\rvert}\right)$
$y = x_1 \times x_2$	$\sigma_y = \pm\sqrt{x_2^2\sigma_{x_1}^2 + x_1^2\sigma_{x_2}^2}$	$\dfrac{\sigma_y}{y} = \pm\sqrt{\dfrac{\sigma_{x_1}^2}{x_1^2} + \dfrac{\sigma_{x_2}^2}{x_2^2}}$
$y = x_1 / x_2$	$\sigma_y = \pm\dfrac{1}{x_2}\sqrt{\sigma_{x_1}^2 + \dfrac{x_1^2}{x_2^2}\sigma_{x_2}^2}$	$\dfrac{\sigma_y}{y} = \pm\sqrt{\dfrac{\sigma_{x_1}^2}{x_1^2} + \dfrac{\sigma_{x_2}^2}{x_2^2}}$
$y = x^n$	$\sigma_y = \pm nx^{n-1}\sigma_x$	$\dfrac{\sigma_y}{y} = \pm\dfrac{n\sigma_x}{x}$
$y = \ln x$	$\sigma_y = \pm\dfrac{\sigma_x}{x}$	$\dfrac{\sigma_y}{y} = \pm\dfrac{\sigma_x}{x\ln x}$

1.2.2.10 测量结果的正确记录与有效数字

测量的误差问题与正确记录测量结果是紧密联系在一起的，由于测得的物理量或多或少都有误差，因此一个物理量的数值和数学上的数值有着不同的意义。例如：

数学上：5.10 = 5.100000；

物理量：(5.10 ± 0.02) g $\neq (5.1000 \pm 0.0002)$ g。

物理量的数值不仅能反映出量的大小和数据的可靠程度，而且还反映了仪器的精确程度和实验方法。上例中由于仪器的精度不同，故两者不等，前者可用粗天平称量，而后者须用分析天平称量。因此物理量的每一位数都是有实际意义的。

表示测量结果的数值，其位数应与测量精密度一致，即所记数字的最后一位为仪器最小刻度以内的估计值，称为可疑值，其他几位为准确值，这样一个数字称为有效数字。如称得某物的质量为(1.3235 ± 0.0004) g，说明其中 1.323 是完全正确的，末位 5 不确定。于是前面所有正确的数字和这位有疑问的数字一起称为有效数字。记录和计算时，仅须记下有效数字，多余的数字则不必记。

由于间接测量结果需进行运算，涉及运算过程中有效数字的确定问题，下面简要介绍有关规则。

（1）有效数字的表示法。

① 误差一般只有一位有效数字，最多不得超过两位。

② 任何一个物理量的数据，其有效数字的最后一位应和误差的最后一位一致。

例如，1.24 ± 0.01，这是正确的；若记成 1.241 ± 0.01 或 1.2 ± 0.01，意义就不清楚了。

③ 为了明确表示有效数字的位数，一般采用指数表示法。

例如，1.234×10^3，1.234×10^{-1}，1.234×10^{-4}，1.234×10^5，都是四位有效数字；

若写成 0.0001234，则表示小数位的零就不是有效数字；

若写成 123400，后面两个零就说不清它是有效数字还是只表明数字位数。而指数记数法则没有这些问题。

（2）有效数字运算规则。

① 用四舍五入规则舍弃不必要的数字。当数值的首位大于或等于 8 时，可以多算一位有效数字。

例如，8.31 可在运算中看成是四位有效数字。

② 加减运算时，应以所有数中小数点后位数最少的为准，先对参加运算的数据进行去舍处理，再运算。

例如，$0.12 + 12.232 + 1.4582 = 0.12 + 12.23 + 1.46 = 13.81$.

③ 在乘除运算中，保留各数的有效位数不大于其中有效数字位数最低者。

例如，$1.576 \times 0.0182 / 81$，其中 81 有效位数最低，但由于首位是 8，可看作是三位有效数字，所以其余各数都保留三位有效数字，最后结果也只保留三位有效数字。故上式变为

$$1.58 \times 0.0182/81 = 3.55$$

对于复杂的运算，应先加减，后乘除，在未达最后结果之前的中间各步，可多保留一位有效数字，以免四舍五入造成误差积累，给结果带来较大影响。但最后结果仍保留其应有的位数。

④ 计算式中的常数，如 π、e 或 $\sqrt{2}$ 等，以及一些查手册得到的常数，可按需要取有效数字。

⑤ 对数运算中所取的对数位数（对数首数除外）应与真数的有效数字相同。

⑥ 在整理最后结果时，须将测量结果的误差化整，表示误差的有效数字最多两位。而当误差的第一位数为 8 或 9 时，只需保留一位。测量值的末位数应与误差的末位数对齐。

例如，测量结果：

$$x_1 = 1001.77 \pm 0.033；x_2 = 237.464 \pm 0.127；x_3 = 124557 \pm 878$$

化整为： $x_1 = 1001.77 \pm 0.03；x_2 = 237.46 \pm 0.13；x_3 = (1.246 \pm 0.009) \times 10^5$

表示测量结果的误差时，应指明是平均误差、标准误差或是作者估计的最大误差。

1.2.2.11 误差分析应用举例

例如，以苯为溶剂，用凝固点降低法测萘的摩尔质量，计算公式为：

$$M_B = \frac{K_f m_B}{m_A(T_f^* - T_f)}$$

式中，A 和 B 分别表示溶剂和溶质；m_A、m_B、T_f^* 和 T_f 分别表示苯和萘的质量以及苯和溶液的凝固点，且均为实验的直接测量值。试据这些测量值求摩尔质量的相对误差 $\dfrac{\Delta M_B}{M_B}$，并估计所求摩尔质量的最大误差。已知苯的 K_f 为 5.12 $K \cdot mol^{-1} \cdot kg$。

实验直接测定的量是：溶质质量 $m_B = 0.2993$ g，使用分析天平，绝对误差为 0.0002 g；溶剂水的质量 $m_A = 20$ g，在台秤上秤，绝对误差为 0.1 g；测量凝固点时用贝克曼温度计，准确度为 0.002 ℃。如表 1.4、1.5 所示。

表 1.4　实验测得的 T_f^*、T_f 和平均误差

实验次数	1	2	3	平均值	平均误差
T_f^* /℃	4.801	4.797	4.802	4.800	± 0.002
T_f /℃	4.202	4.205	4.195	4.200	± 0.004

因此，平均误差为：

$$\Delta \overline{T_f^*} = \pm \frac{|0.001| + |0.003| + |0.002|}{3} = \pm 0.002 \ ℃$$

$$\Delta \overline{T_f} = \pm \frac{|0.002| + |0.005| + |0.005|}{3} = \pm 0.004 \ ℃$$

据误差传递公式得

$$\frac{\Delta M_B}{M_B} = \pm \left(\left| \frac{\Delta m_B}{m_B} \right| + \left| \frac{\Delta m_A}{m_A} \right| + \left| \frac{\Delta T_f^* + \Delta T_f}{T_f^* - T_f} \right| \right)$$

$$= \pm \left(\left| \frac{0.0002}{0.2993} \right| + \left| \frac{0.1}{20} \right| + \left| \frac{0.002 + 0.004}{4.800 - 0.200} \right| \right)$$

$$= \pm (6.5 \times 10^{-4} + 5 \times 10^{-3} + 1 \times 10^{-2}) = \pm 0.016$$

$$M_B = \frac{K_f m_B}{m_A (T_f^* - T_f)} = \frac{5.12 \times 0.2993}{20 \times (4.800 - 4.200)} = 128$$

$$\Delta M_B = 128 \times 0.016 = 2.05$$

计算结果: $M_B = (128 \pm 2) \text{ g·mol}^{-1}$。

表 1.5 实验测得的 m_A、m_B 和 ($T_f^* - T_f$) 值以及相对误差

测量值	使用仪器及测量精度	相对误差
$m_A = 20$ g	台秤: ±0.1 g	$\dfrac{\Delta m_A}{m_A} = \dfrac{0.1}{20} = \pm 5 \times 10^{-3}$
$m_B = 0.2993$ g	分析天平: ±0.0002 g	$\dfrac{\Delta m_B}{m_B} = \dfrac{0.0002}{0.2993} = \pm 6.5 \times 10^{-4}$
($T_f^* - T_f$) = 0.600 °C	贝克曼温度计: ±0.002 °C	$\dfrac{\Delta T_f^* + \Delta T_f}{T_f^* - T_f} = \dfrac{0.002 + 0.004}{4.800 - 4.200} = \pm 1 \times 10^{-2}$

从以上测量结果可见,最大误差来源是温度差的测量,而温度差的误差又取决于测温精度和操作技术条件的限制,只有当测量操作控制精度和仪器精度相符时,才能以仪器的测量精度估计测量的最大误差。上例中贝克曼温度计的读数精度可达 ±0.002 °C,而温度差测量的最大误差达 ±0.01 °C,所以不能直接由贝克曼温度计的测量精度来估计测量的最大误差。此外,虽增加溶质能增大温度差值 ($T_f^* - T_f$),使该项的相对误差减小,但溶液浓度增大过多不符合计算公式所要求的稀溶液条件,从而引入系统误差。因此该实验的关键在于温度的测量,须采用精密度较高的贝克曼温度计测量凝固点温度。由于溶剂用量较多,其准确度对实验结果影响不大,故可用台秤而没必要用分析天平称量,溶质用量少,须用分析天平称量。

可见,事先了解各个测量值的误差及其影响,就能指导我们选择正确的实验方法,选用精度相当的仪器,抓住实验测量的关键,得到较好的结果。

1.3 物理化学实验数据的表达方法

物理化学实验数据的表达方法主要有三种:列表法、图解法和经验公式法。下面分别介绍这三种方法。

1.3.1 列表法

在物理化学实验中,多数测量至少包括两个变量,要在实验数据中选出自变量和因变量。将相应的实验数据列成表格,排列整齐,使人一目了然,也有助于发现实验数据中的规律。这是数据处理中最简单的方法。列表时注意以下几点:

(1)表格要有名称和表序。表序和表格名称放在表格上方正中位置。需要注明测量条件(如温度、压力等),或要对表格进行必要说明时,可在表格下方另起一行标注。

(2)表格设计合理,简单明了,便于观察。一般是制成三线表。每行(或列)的开头一栏都要列出物理量的名称和单位。名称用符号表示,因表中列出的通常是一些纯数(数值),

因此行首的名称及单位应写成"名称符号/单位符号",如"p(压力)/Pa"。

（3）表中的数值应用最简单的形式表示,有公共的乘方因子应放在栏头的物理量单位前。表中的数字要排列整齐,小数点对齐,应注意有效数字的位数。

（4）表格中表达的数据顺序为:从左到右,先自变量后因变量,可以将原始数据和结果列在同一表中,但应在表格下面列出计算式,写出具体计算过程。

实例参见表 1.6。

表 1.6　液体饱和蒸气压测定数据表

$t/^\circ\mathrm{C}$	T/K	$\dfrac{1}{T}/10^{-3}\mathrm{K}^{-1}$	p/kPa	$\ln p^{*}/\mathrm{kPa}$
35	308.15	3.245	79.01	3.034
40	313.15	3.193	74.08	3.247
45	318.15	3.143	68.09	3.457
50	323.15	3.095	61.52	3.645
55	328.15	3.047	54.17	3.821
60	333.15	3.002	45.05	4.003

1.3.2　图解法

（1）图解法在物理化学实验中的应用。

用图解法表达物理化学实验数据时,可更清楚地显示出所研究数据的特点及变化规律,如极大值、极小值、转折点、周期性、数量的变化速率等重要性质,并可根据所作的图形作切线,以求面积、积分、微分、外推值、内插值等,将数据作进一步处理。作图法的应用极为广泛,其中最重要的有:

① 求外推值。

有些不能由实验直接测定的数据,常常可以用作图外推的方法求得。主要是利用测量数据间的线性关系,外推至测量范围之外,求得某一函数的极限值,这种方法称为外推法。例如,在用黏度法测定高聚物的相对分子质量实验中,首先必须用外推法求得溶液的浓度趋于零时的黏度(即特性黏度)值,才能算出相对分子质量。

② 求极值或转折点。

函数的极大值、极小值或转折点,在图形上表现得很直观。例如,环己烷-乙醇双液系相图中最低恒沸点(极小值)的确定。

③ 求经验方程。

若因变量 y 与自变量 x 之间有线性关系,那么就应符合方程:

$$y = A + Bx$$

它们的几何图形应为一直线,A 是直线在 y 轴上的截距,B 是直线的斜率。应用实验数据(x, y)作图,作一条尽可能联结诸实验点的直线,从直线的截距和斜率便可求得 A 和 B 的具体数据,从而得出经验方程。

　　若自变量和因变量是指数函数关系，则取对数后变为线性关系。例如，化学动力学中的阿仑尼乌斯公式：

$$k = Ae^{-E/RT}$$

两边取对数得　　　　　　　　　　　　　　$\ln k = \ln A - E/RT$

以 $\ln k$ 对 $1/T$ 作图，从斜率可以求出活化能 E，从截距可以得到碰撞频率 A 的数值。

　　④ 作切线求函数的微商。

　　作图法不仅能表示出测量数据间的定量函数关系，而且可以从图上求出各点函数的微商。具体做法是在所得曲线上选定若干个点，然后用镜像法作出各切线，计算出切线的斜率，即得该点函数的微商值。

　　⑤ 求导数函数的积分值（图解积分法）。

　　设图形中的因变量是自变量的导数函数，则在不知道该导数函数解析表示式的情况下，亦能利用图形求出定积分值，称为图解积分。通常求曲线下所包含的面积常用此法。

　　（2）作图方法。

　　① 坐标纸的选择。

　　要用市售的正规坐标纸。坐标纸的类型有直角坐标纸、半对数或对数坐标纸、三角坐标纸或极坐标纸等。物理化学实验中一般用直角坐标纸，只有三组分相图使用三角坐标纸。建议使用计算机和 Excel、Origin 软件作图。

　　② 坐标标注及坐标标度的选择。

　　在直角坐标系中，一般以自变量作为横坐标，因变量作为纵坐标，在坐标轴旁须注明变量的名称和单位，并要正确选择坐标的标度。选择时应注意以下几点：

　　第一，要能表示出全部有效数字，使图上读出的各物理量的精密度与测量时的精密度一致。

　　第二，坐标轴上每小格的数值，应能方便地读出，通常应使每小格所代表的变量为整数，是 1、2、5 的倍数，不宜用 3、7、9 的倍数。如无特殊需要（如直线外推求截距），不必把坐标的原点作为变量的零点，而从略低于最小测量值的整数开始，这样才能充分利用坐标纸，使作图紧凑，同时读数精度也能得到提高。

　　第三，若曲线是直线或近乎直线，坐标标度的选择应使直线与 x 轴的夹角接近 45°。

　　③ 作代表点。

　　将测得的数值，以点描绘于图上，点可用 ■、▲、★、○、◇ 等不同符号表示，且必须在图上明显地标出。在同一个图上，如有几组测量数据，需用不同的符号来表示，以资区别，并在图上注明。

　　④ 作曲线。

　　作出各测量点后，先用铅笔轻轻地循点变动趋势，手描一条曲线，然后用曲线板逐段凑合描线的曲率，作出光滑的曲线。做好这一点的关键是不要将曲线板上的曲边与手描线所有重合部分一次描完，一般只描半段或 2/3 段，要求曲线光滑均匀，细而清晰。曲线不必通过所有的点，只要求各点均匀地分布在曲线两侧，并且曲线两旁各点与曲线间的距离应近于相等。

⑤ 图名及图序的标注。

图要有图名和图序。图名要简单，应能准确表达图意。图序和图名一般放在图的下方正中位置。需要注明测量条件（如温度、压力等），或要对图进行必要说明时，可在图序和图名下方另起一行标注。如图1.4所示。

⑥ 作切线。

在曲线上作切线，通常应用下面两种方法：

（ⅰ）镜像法。

若需在曲线上某一点 A 作切线，可取一平面镜垂直放于图纸上，通常用玻璃棒代替镜子，使玻璃棒和曲线的交线通过 A 点，此时玻璃棒中的曲线与外面的曲线有转折[见图1.5（a）]。以 A 点为轴旋转玻璃棒，使玻璃棒中的曲线和外面的曲线成为一光滑曲线时[见图 1.5（b）]，沿玻璃棒作直线 MN，这就是法线。通过 A 点作 MN 的垂线 CD，CD 线即为切线[见图1.5（c）]。

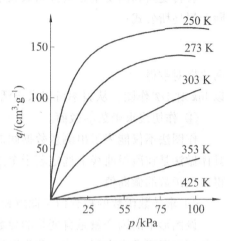

图1.4　NH₃在炭上的吸附等温线

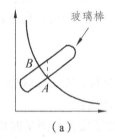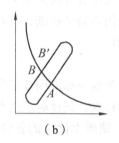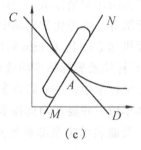

图1.5　作切线的方法

（ⅱ）平行线法。

在所选择的曲线段上，作两条平行线 AB 和 CD。取此两线段的中点 M，N，连接 MN，并延长与曲线相交于 O 点。通过 O 点作 CD 的平行线 EF，则 EF 即为此曲线在 O 点的切线（见图1.6）。

1.3.3　经验公式法

图1.6　平行线法作切线示意图

测量数据不仅可用图形表示出数据之间的关系，而且可用与图形对应的一个公式（解析式）来表示所有的测量数据，当然这个公式不可能完全准确地表达全部数据。因此，常把与曲线对应的公式称为经验公式，在回归分析中称之为回归方程。所以经验公式法是借助于数学方法将实验数据按一定函数形式整理成方程，即数学模型，作为客观规律的一种近似描述的方法。

把全部测量数据用一个公式来代替，不仅有紧凑扼要的优点，而且可以对公式进行必要的数学运算，以研究各自变量与函数之间的关系。因此经验公式是理论探讨的线索和根据，其表达方式简单，记录方便，也便于进行微分、积分。在这种实验数据拟合的公式中，一旦确定了实验参数，因变量与自变量之间就有了明晰的关系，也就很方便地由自变量计算出因变量，非常实用。经验公式法处理实验数据的任务，主要是采用适当的数学方法确定经验公式模型及其公式中的相关参数。

（1）建立经验公式的方法。

当不知道所测数据变量间的解析依赖关系时，一般可通过下列方法建立经验公式。

① 描绘曲线：将实验测定的数据加以整理，确定出自变量和因变量后作图，绘出曲线。

② 判断曲线的类型：对所描绘的曲线形状与已知函数的曲线形状进行比较及分析，判断曲线的类型。

③ 确定公式并将曲线化直：如果测量数据描绘的曲线被确定为某种类型的曲线，应尽可能地将该曲线方程变换为直线方程，然后按一元线性回归方法处理。因为把数据拟合成直线方程比拟合成其他函数关系要简单、容易。常见的例子见表 1.7。

表 1.7　曲线方程的直线化示例

方程式	变　换	直线化方程
$y = ax^b$	$Y = \ln y, \quad X = \ln x$	$Y = \ln a + bX$
$y = \dfrac{1}{a+bx}$	$Y = \dfrac{1}{y}$	$Y = a + bx$
$y = \dfrac{x}{a+bx}$	$Y = \dfrac{x}{y}$	$Y = a + bx$

④ 确定公式中的参数：代表测量数据的直线方程或经曲线化直后的直线方程的表达式为

$$y = a + bx$$

可根据一系列测量数据用各种方法确定方程中的参数 a 和 b，给出只含自变量和因变量的数学方程式。

⑤ 检验所确定的公式的准确性：用测量数据中自变量值代入公式计算出函数值，看它与实际测量值是否一致，如果差别很大，说明所确定的公式的基本形式可能有错误，应建立另外形式的公式。

⑥ 如果曲线方程无法线性化或不必线性化，可将原函数表示成自变量的多项式：

$$y = a + bx + cx^2 + dx^3 + \cdots$$

多项式项数的多少以结果在实验误差范围内为准。

（2）直线方程参数的确定。

确定直线方程参数的方法有图解法、平均值法和计算法。通常粗略一点可用图解法、平均值法确定，准确的作法则采用最小二乘法计算或应用计算机软件处理。

① 图解法。

对于简单线性方程 $y = a + bx$，用图解法求参数最为方便。即在 y-x 坐标系上，用实验数据作图得一直线，将直线延长与 y 轴相交，在 y 轴上的截距即为 a；若直线与 x 轴的夹角为 θ，则 $b = \tan\theta$。

或者也可以在直线两端选两个点（两点应相隔较远），其坐标为 (x_1, y_1) 和 (x_2, y_2)，因它们既在直线上，必然符合直线方程，所以有

$$y_1 = a + bx_1 \quad 和 \quad y_2 = a + bx_2$$

联立解此方程组得

$$b = (y_2 - y_1)/(x_2 - x_1) \quad 和 \quad a = y_1 - bx_1 \text{ 或 } a = y_2 - bx_2$$

② 平均值法。

平均值法的原理是在一组测量中，正负偏差出现的机会相等，所有偏差的代数和为零。

设一方程内含有 n 个常数，用平均值法求此 n 个常数的步骤如下：

将所测 m 值对观测值代入方程内，得 m 个方程，再将此 m 个方程任意分为 n 组，使每组中所含方程个数近于相等。将每组方程各自相加，并分别合并为一式，得 n 个方程；解此 n 个联立方程，得 n 个常数值。

例 设有一组数据，依次代入方程 $y = a + bx$，得 8 个方程。将前四式分为一组，相加得一方程；后四式分为二组，相加得二方程。如表 1.8 所示。

表 1.8　平均值法的计算示例

x	y	一组	二组
1	3.0	$a + b = 3.0$	
3	4.0	$a + 3b = 4.0$	
8	6.0	$a + 8b = 6.0$	
10	7.0	$a + 10b = 7.0$	
13	8.0		$a + 13b = 8.0$
15	9.0		$a + 15b = 9.0$
17	10.0		$a + 17b = 10.0$
20	11.0		$a + 20b = 11.0$
		一方程：$4a + 22b = 20.0$	二方程：$4a + 65b = 38.0$

把一方程和二方程联立解得：$a = 2.70$，$b = 0.420$。代入原方程得

$$y = 2.70 + 0.420x$$

③ 最小二乘法。

利用最小二乘法求常数时，需要以下两个假定：

（i）所有自变量的各个给定值，均无误差，因变量的各值带有测量误差；

（ii）最好的曲线为能使各点同曲线的偏差的平方和最小。

由于各偏差的平方均为正数，因此若平方和最小，也就是说这些偏差均很小，故最佳线将是尽可能地靠近这些点的曲线。如图 1.7 所示，图中 d 表示偏差，用上下垂直距离表示。

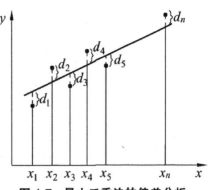

图 1.7　最小二乘法的偏差分析

根据假定（i），设有 n 对 x, y 值适合方程

$$y = a + bx$$

令 y' 代表当 a 及 b 已知时，根据 x 值计算的 y 值，则

$$y_1' = a + bx_1$$

测量值与曲线的偏差为

$$d_1 = y_1 - y_1' = y_1 - (a + bx_1) = y_1 - a - bx_1$$

令 $Q = \sum d_i^2$ ，则

$$Q = (y_1 - a - bx_1)^2 + (y_2 - a - bx_2)^2 + \cdots + (y_n - a - bx_n)^2 \tag{1.17}$$

在数学上，设函数 $P = f(t, w, z, \cdots)$，则 P 有最小值的必要条件为

$$\frac{\partial P}{\partial t} = 0, \quad \frac{\partial P}{\partial w} = 0, \quad \frac{\partial P}{\partial z} = 0, \quad \cdots$$

因（1.17）式中的 y_i, x_i 为测量中已固定的值，只有 a 与 b 为变数，故令 $\dfrac{\partial Q}{\partial a} = 0, \dfrac{\partial Q}{\partial b} = 0$，则

$$\frac{\partial Q}{\partial a} = -2(y_1 - a - bx_1) - 2(y_2 - a - bx_2) - \cdots - 2(y_n - a - bx_n) = 0$$

可推出：

$$\sum y_i - na - b \sum x_i = 0 \tag{1.18}$$

同理得

$$\frac{\partial Q}{\partial b} = -2x_1(y_1 - a - bx_1) - 2x_2(y_2 - a - bx_2) - \cdots - 2x_n(y_n - a - bx_n) = 0$$

可推出：

$$\sum x_i y_i - a \sum x_i - b \sum x_i^2 = 0 \tag{1.19}$$

将（1.18）和（1.19）二式联立，便可解出 a 和 b。

$$a = \frac{\sum_{i=1}^{n} x_i \sum_{i=1}^{n} x_i y_i - \sum_{i=1}^{n} y_i \sum_{i=1}^{n} x_i^2}{\left(\sum_{i=1}^{n} x_i\right)^2 - n\sum_{i=1}^{n} x_i^2} \qquad (1.20)$$

$$b = \frac{\sum_{i=1}^{n} x_i \sum_{i=1}^{n} y_i - n\sum_{i=1}^{n} x_i y_i}{\left(\sum_{i=1}^{n} x_i\right)^2 - n\sum_{i=1}^{n} x_i^2} \qquad (1.21)$$

当函数式为多项式（即 $y = a + bx + cx^2 + dx^3 + \cdots$）时，也可根据最小二乘法原理求方程中的各个参数，但计算式较复杂，可参考有关书籍。

现将前面的数据按最小二乘法处理如下，见表 1.9。

表 1.9　最小二乘法的计算示例

x	y	x^2	xy
1	3.0	1	3.0
3	4.0	9	12.0
8	6.0	64	48.0
10	7.0	100	70.0
13	8.0	169	104.0
15	9.0	225	135.0
17	10.0	289	170.0
20	11.0	400	220.0
总和　87	58.0	1257	762.0

由表得出：

$$\sum x = 87, \quad \sum y = 58.0, \quad \sum x^2 = 1257, \quad \sum xy = 762.0$$

将上述数据代入最小二乘法的公式中得：$a = 2.66$，$b = 0.422$，则

$$y = 2.66 + 0.422x$$

④ 计算机软件应用。

随着计算机的广泛使用，用计算机处理数据已经是必然的趋势。实现最小二乘法的程序和软件已经广泛运用于数据处理中，现在比较常用的是使用 Excel 和 Origin 等软件来处理。数据处理与图形的结合，使我们的实验数据处理变得非常方便，而且获得的结果更为客观。而对于不易变换为线性关系的实验数据，能很方便地用多项式或其他类型的函数式拟合出解析式，这种方法称为一元非线性回归或称非线性拟合。对于非线性拟合的方法在第 2 章中介绍。在本书的实验课中将学习并初步掌握 Origin 软件的使用，应用它对实验数据进行绘图及计算处理。

第 2 章　Origin 软件在物理化学实验数据处理中的应用

21 世纪的高等教育，注重素质教育和创新教育，而现代信息技术的高速发展也给高等教育教学改革提出了新的更高的要求。加强现代信息技术在实验教学中的应用，对于培养适应 21 世纪社会经济发展所需要的科学严谨的高素质创新性人才具有十分重要的意义和深远的影响。

计算机技术的迅速发展，智能仪器的使用，使得测量各种物性数据更加容易，获得的信息更加丰富；计算机强大的运算能力使得很多繁冗的数学运算手段能得以充分运用，极大地促进了物理化学理论的发展，为进一步挖掘有用信息提供了可能。

物理化学实验是研究物质的物理性质以及这些性质与化学过程间的关系的。物理化学实验首先是通过各种测量手段获取所需的信息，然后使用适当的方法处理这些信息，得到结果。对实验数据的处理是物理化学实验中的一个重要环节，也是实验教学的难点。因此，在物理化学实验教学中引入现代信息技术内容，运用计算机技术处理实验数据，让学生在学习经典基础物理化学实验理论和技术的同时，掌握先进的信息技术在实验中的应用是很有必要的。

2.1　Origin 软件处理实验数据

物理化学实验中，数据处理是实验的重要组成部分，是学生必须掌握的一项基本实验技能。由于物理化学实验数据多，公式计算繁杂，常需作图拟合处理，往往成为实验教学的难点之一。若用传统的手工作图处理数据，获取斜率和截距等参数，甚至进一步在手工描出的曲线上作切线、求曲线包围的面积等，既费时又不准确，主观随意性大，致使实验结果与文献值往往相差甚远，且工作效率低，已不能适应信息化时代的需求。若使用计算机作图软件处理，速度快，图像标准，结果唯一，不但可以减少在数据处理过程中人为因素产生的各种误差，提高实验结果的准确性，而且可以客观地评价学生的实验结果和成绩，极大地提高工作效率，进一步提高教学质量和效果。因此，改变传统的数据处理方法，深化实验教学改革，是实现现代化教学手段的必然趋势。

近些年来，虽然有些物理化学实验教材附有计算机处理数据的程序，实验数据的计算机化处理方面的工作有所报道，但多使用 BASIC 或 FORTRAN 语言，大多数化学专业学生并未学习这些语言，不能很好地理解处理数据的过程，实际使用效果不理想。随着计算机应用的普及与深入发展，计算机作图软件越来越多，如 AutoCAD、Matlab、**Maple** 和 **Origin** 等软件。AutoCAD、Matlab、Maple 等软件虽功能强大，制图效果也很好，但需要一定的计算机编程知识和矩阵知识，需要较多时间进行系统学习，普及应用有一定难度。**Origin** 是当今世界上最著名的科技绘图和**数据处理软件**之一，是公认的快速、灵活、**易学的工程制图软件**。目前，在世界各国科技工作者中使用较为普遍，而且使用范围越来越广泛。该软件的功能强大齐全，对化工类的实验数据处理非常有用，并且使用 Origin 就像使用 Word 那样简单，不需编程，只要输入测量数据，然后再选择相应的菜单命令，点击相应的工具按钮，即可方便地进行有关计算、统计、作图、曲线拟合等处理，易学易用，操作简便快速，所以使用 Origin软件进行实验数据处理，应该是更好的选择。这里学习 Origin 软件处理物理化学实验数据的方法。

2.2　Origin 软件简介

Origin 是由美国 MicroCal Inc.总公司（世界一流的高灵敏热量计设计公司）于 1991 年 3月首次推出的基于 Windows 平台下用于数据分析和工程绘图的软件。之后 OriginLab 公司（2000 年 8 月更为此名）对它的功能及易用性等进行了不断的改进、扩展和完善，陆续推出Origin 4.0、Origin 5.0、Origin 6.x、Origin 7.x 和 Origin 8.x 等版本。该软件不仅包括计算、统计、直线和曲线拟合等各种完善的数据分析功能，而且提供了几十种二维和三维绘图模板，并将高质量科技图形绘制、C 语言编程和 **NAG** 数学统计功能库集成为一体，其功能强大，是当今世界上最著名的科技绘图和数据处理软件之一。

Origin 软件是一个多文档界面应用程序，在使用上，采用直观的、图形化的、面向对象的窗口菜单和工具栏操作，容易上手，是公认的简单易学、操作灵活快速的工程制图软件，可以满足一般用户及高级用户的制图、数据分析和函数拟合的需要。因此在世界各国科技工作者中使用较为普遍。

2.2.1　Origin 软件的基本功能和一般用法简介

Origin 具有两大主要功能，即数据绘图和数据分析。

Origin 为绘图和数据分析提供了多种窗口类型，包括工作表窗口（Worksheet）、绘图窗口（Graph）、函数图窗口（Function Graph）、矩阵窗口（Matrix）和版面设计窗口（Layout Page）等。而且项目文件中的各窗口相互关联，可以实现数据实时更新，即如果工作表中的数据被改动之后，其变化能立即反映到其他各窗口，比如绘图窗口中所绘数据点可以立即得到更新。

Origin 数据分析包括数据的排序、调整、计算、统计、傅立叶变换、各种自带函数的曲线拟合以及用户自己定义函数拟合等各种数学分析功能。此外还可以和各种数据库软件、办公软件、图像处理软件等进行方便的链接，实现数据共享；可以用标准 ANSIC 等高级语言编写数据分析程序，以及用内置的 Origin C 语言或 Lab Talk 语言编程进行数据分析和作图等。下面简要介绍 Origin7.0 在物理化学实验数据处理中常用到的功能和操作方法。

2.2.2　Origin 7.0 工作空间

2.2.2.1　工作表窗口（见图 2.1）

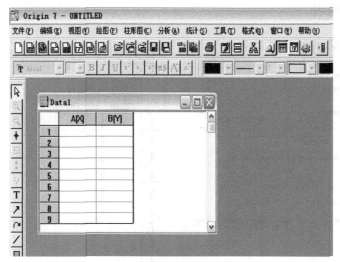

图 2.1　工作表窗口

在工作表中，A、B 为列的名称；[X][Y]为列的属性。通常[X]表示自变量，[Y]表示因变量。

在工作表窗口中，顶部是主菜单栏，如文件、编辑、视图、绘图等。其中的每个菜单项包括下拉菜单和子菜单，通过它们能实现该窗口的所有功能。

菜单栏下方是工具栏，提供了分类合理、直观、功能强大、使用方便的多种工具。工具栏图标及其按钮功能见图 2.2。

文件(F)	编辑(E)	视图(V)	绘图(P)	柱形图(C)	分析(A)	统计(S)	工具(T)	格式(O)	窗口(W)	帮助(H)
创建新项目	创建工作表窗口	创建 Excel 窗口	创建绘图窗口	创建矩阵窗口	创建函数窗口	创建版面设计窗口	创建写字板窗口	打开项目或窗口	打开模板	打开 Excel 工作簿	保存项目	保存模板	将一个 ASCII 文件读入	将多个 ASCII 文件读入	打印	刷新	复制	运行用户编制的 Lab Talk 文件	显示或隐藏项目管理器	显示或隐藏结果记录窗口	显示脚本程序窗口	代码编辑器	在工作表中添加新列

图 2.2　工具栏图标及其按钮功能

在工作表中，对列的基本操作包括：添加列、插入列、删除列、移动列、对列数据的计算和统计分析、行与列转换等；对行的添加、插入、删除、移动、计算等操作与列基本一样（具体操作方法见后面介绍）。

此外，在工作表中，还可对工作表进行设置，命名列标题和添加列标签。例如，通过双击列标题，打开图 2.3 所示的[Worksheet Column Format]对话框，可对该列重新命名（如把 A 改为 C），改变该列的属性（如把 X 改为 Y）；在复选框"Column Label"中输入该列的标签名（如 $t/\min$），点击"OK"，则在工作表中出现列标签。列标签可为工作表数据提供更多的信息，对数据进行说明。

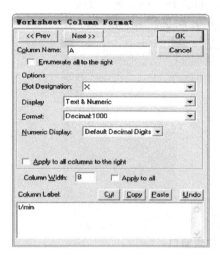 

图 2.3 "添加列标签"对话框和添加列标签的工作表

对行或列数据进行统计与分析时，在工作表窗口选定行或列数据后，点击菜单栏中的"统计"，将弹出一个新的工作表窗口，里面给出选定行或列数据的各项统计参数，包括平均值（Mean）、标准偏差（SD）、标准误差（SE）、总和（Sum）及数据组数（N）等。

Origin 还能方便地通过函数或数学计算式在工作表中输入数据或对选定的列或单元格数据进行计算（具体操作附后）。

2.2.2.2 绘图窗口（见图 2.4）

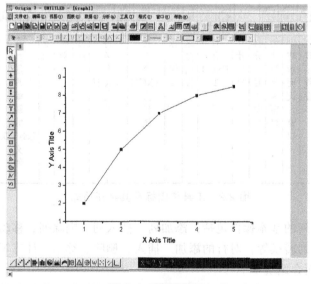

图 2.4 绘图窗口

与工作表窗口一样，绘图窗口的顶部是主菜单栏，菜单栏下方是工具栏，但栏中的各项菜单或工具设置有些不同。

在绘图窗口中，顶部主菜单栏为：文件、编辑、视图、图表、数据、分析、工具、格式、窗口等。菜单栏下方的工具栏左起的图标及按钮功能与工作表窗口的相同，靠右边的图标及其按钮功能见图 2.5。工具栏下方是字体格式工具栏，其图标及其按钮功能见图 2.6。

放大选定区域	缩小选定区域	整页显示图形	重新设计图中数据曲线并分别绘制到不同图层	提取图形中数据曲线并分别绘制到不同图层	提取不同图层中数据曲线并分别绘制到其他图形窗口	合并绘图窗口	对彩色映射图添加颜色标识	创建新图例	在图中创建 X、Y 轴刻度轴	在绘图窗口中插入日期和时间

图 2.5　工具栏图标及其按钮功能

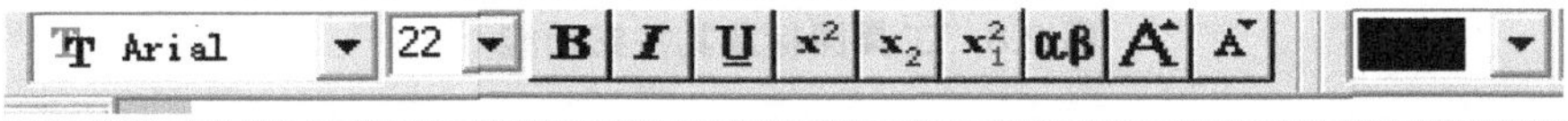

字体选择下列列表框		字号选择下列列表框	粗体字	斜体字	加下划线	上标	下标	上下标	希腊字符	增大字符字号	减小字符字号	颜色选择下列列表框

图 2.6　字体格式工具栏图标及其按钮功能

Origin 可绘制各种图形，包括直线图、描点图、点线图、向量图、柱形图、区域图、饼状图、双 Y 轴图、极坐标图及各种 3D 图表、统计用图表等，二维绘图工具栏图标及其按钮功能见图 2.7。

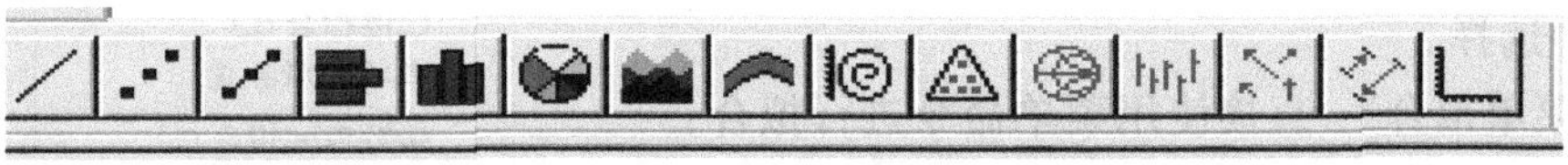

直线图	描点图	点线图	棒状图	柱形图	饼状图	面积图	填充面积图	极坐标图	三角图	史密斯圆图	近值图	XYAM向量图	XYXY向量图	用模板绘图

图 2.7　二维绘图工具栏图标及其按钮功能

左列为工具栏，其工具图标及其按钮功能见图 2.8。

	选取对象工具
	放大轴标尺，双击恢复原尺寸
	恢复轴标尺
	读取屏幕上点的坐标值
	读取数据曲线上点的坐标值
	选择数据范围
	数据绘图
	在窗口内添加文本
	在窗口内绘制箭头
	在窗口内绘制弯曲的箭头
	在窗口内绘制直线
	在窗口内绘制矩形
	在窗口内绘制圆
	在窗口内绘制多边形
	在窗口内选定区域
	在窗口内绘制折线
	在窗口内绘制自由曲线

图 2.8　工具图标及其按钮功能

在实验数据处理和科技论文对实验结果的讨论中，经常需要对实验数据进行线性回归和曲线拟合，用以描述不同变量之间的关系，找出相应函数的系数，建立经验公式或数学模型。Origin提供了强大的线性回归和曲线拟合功能，其中最有代表性的是线性回归和非线性最小平方拟合。

Origin 在分析菜单中提供有线性拟合（Linear Fit）、多项式拟合、指数衰减拟合、指数增长拟合、S 形曲线拟合、高斯拟合、罗伦斯拟合和多峰拟合，以及可让用户自定义函数拟合（非线性拟合）的工具箱供数据分析、建模使用。如图 2.9 所示。

拟合操作可有"菜单拟合"和"使用拟合工具拟合"两种选择。

（1）"菜单拟合"：直接使用菜单命令进行拟合，其操作简单，使用率较高。在菜单栏"分析（Analysis）"的下拉菜单中（见图 2.9），选择其中某个选项，即可实现对选定数据的曲线拟合。

（2）"使用拟合工具拟合"：使用菜单命令拟合，很多参数都是选用的缺省值，我们无法对整个过程进行干预。为了给用户提供比菜单命令拟合更大的

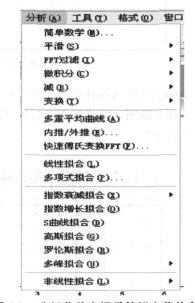

图 2.9　分析菜单中提供的拟合菜单命令

选择空间，Origin 提供了三种拟合工具，即线性拟合工具（Linear Fit Tool）、多项式拟合工具（Polynomial Fit Tool）和 S 曲线拟合工具（Sigmoidal Fit Tool）。选用拟合工具拟合可以对其中参数进行选择，使拟合过程按要求进行，达到预期效果。拟合工具在菜单栏"工具（Tools）"

的下拉菜单中，如图 2.10 所示。

　　选择其中某个选项，可以打开其对应的拟合工具对话框，如线性拟合对话框如图 2.11 所示。对话框内有 "Operation" 选项卡和 "Settings" 选项卡，通过这两项选项卡可以对拟合选项、输出内容、输出范围等进行设置。这些内容在后面的 "基本操作" 中结合具体例子进行介绍。

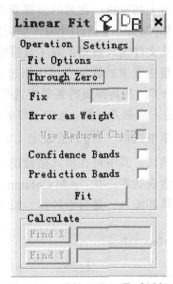

图 2.10　"工具" 下拉菜单中拟合工具选项　　　**图 2.11　线性拟合工具对话框**

　　数据曲线图主要包括二维和三维图，但在科技文章和论文中，大部分绘制的是二维图。在物理化学实验数据处理中通常绘制的是描点图和点线图，Origin 的绘图功能主要有：

　　（1）将实验数据自动画成在二维坐标中的图形，有利于对实验趋势的判断；

　　（2）在同一幅图中可以画上多条实验曲线，有利于对不同的实验数据进行比较研究；

　　（3）不同的实验曲线可以选择不同的线型，并且可将实验点用不同的符号表示；

　　（4）可对坐标轴名称进行命名，并可进行字体大小及型号的选择；

　　（5）可将实验数据进行各种不同的回归计算，自动打印出回归方程及各种偏差；

　　（6）可将生成的图形以多种形式保存，以便在其他文件中应用；

　　（7）可使用多个坐标轴，并可对坐标轴位置、大小进行自由选择。

2.3　Origin 7.0 的基本操作

2.3.1　Origin 的安装

按提示即可安装。

2.3.2　数据的输入

　　（1）打开已装有 Origin 的电脑，双击带有 Origin 字样的图标 ，电脑即进入工作表窗口界面。在此界面上工作表显示 A[X] 和 B[Y] 两列。

（2）直接输入数据：用鼠标点击某一单元格，直接从键盘输入数据，其方法和 Excel 相仿。如果实验数据多于两列，可将鼠标移到工具栏图标 处点击，即可添加一列；或移到菜单栏"柱形图（Column）"处点击，在其下拉的菜单中选择"添加新建列（Add New Columns）"项，输入要增加的列数，单击"OK"即可。

（3）写上列标签：在列的顶部双击，打开"Worksheet Column Format"对话框，在该对话框的下部[Column Label]处输入该列的标签，点击"OK"即可。

（4）从文件输入数据：除了直接输入数据以外，也可从文件输入，即可以把在其他程序计算和测量中获取的数据直接引用过来，如点击"文件（File）"，在其下拉菜单中选择"导入（Import）"，在其弹出的菜单中选择其中一种你所存储的数据形式即可。

（5）输入数据并计算：选中工作表中一列或一列中的某单元格，点击菜单命令"柱形图"，在下拉菜单中选择" 列值设定（V）"，在弹出的图 2.12 的对话框中[col(A) - col(B)]处输入函数表达式。其中可在单元格范围框（For row）中选择范围；在"Add Function"下拉框中选择函数表达式；在"Add Column"下拉框中选择某一列。该功能可方便地完成绝大部分数据的计算和输入，是科学计算、绘图的一个常用功能。

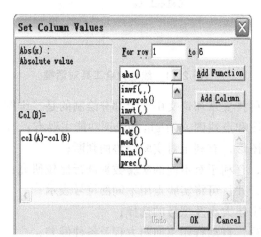 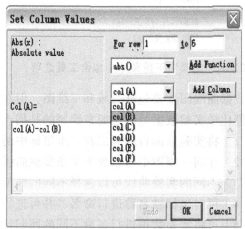

图 2.12　"列值设定"对话框

2.3.3　绘制曲线图

Origin 提供了相当多的绘图选项，如图 2.7 所示。最快捷的绘图方法是高亮度选中作图数列（包括自变量[X]和因变量[Y]），然后点击工具栏上的绘图工具按钮。如果需要把几条曲线绘制在同一图中，可同时选中多列自变量[X]与对应的因变量[Y]，Origin 即可自动创建数据曲线组，并标记不同的符号和颜色以区分各条曲线，有利于实验数据的分析和研究。具体操作如下：

（1）图形的生成。

在已输入数据的工作表中，高亮度选中一列自变量 A[X]和多列因变量 B[Y]及 C[Y]，或选中数列 A[X]、B[Y]，C[X]、D[Y]，单击"描点图图标 "或"点线图"图标 按钮，或单击工作表窗口中的"绘图"菜单命令，在其下拉菜单中选择"描点（Scatter）"或"直线 + 符号（Line + Symbol）"，Origin 即自动绘制出曲线图，如图 2.13 所示。

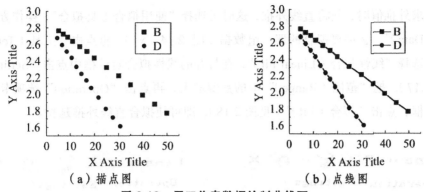

（a）描点图　　　　　　　　　　　（b）点线图

图 2.13　用工作表数据绘制曲线图

（2）曲线拟合。

需要对数据进行拟合操作时，通常是先绘制描点图，再根据数据点的变化趋势及形状选择拟合函数。如由图 2.13（a）可以看出，两组数据点呈直线变化规律，因此选择"线性拟合"。拟合方法可选择"菜单拟合"。操作方法是：点击"数据（Data）"，选中要拟合的那一组数据（图 2.14，√），再点击"分析（Analysis）"，在下拉菜单中选择"线性拟合（Linear Fit）"，即可给出选中数据组的拟合线及拟合参数、拟合方程等。拟合的图形和记录窗口如图 2.15 和图 2.16 所示。图 2.15 中有数据点和拟合的直线；图 2.16 记录窗口有拟合模型的参数和相关系数 R 等。对另一组数据进行同样选中和拟合操作，就可完成对两组数据的线性函数拟合，并分别得到与它们对应的拟合方程。

图 2.14　数据组选择

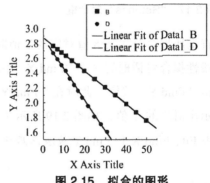

图 2.15　拟合的图形

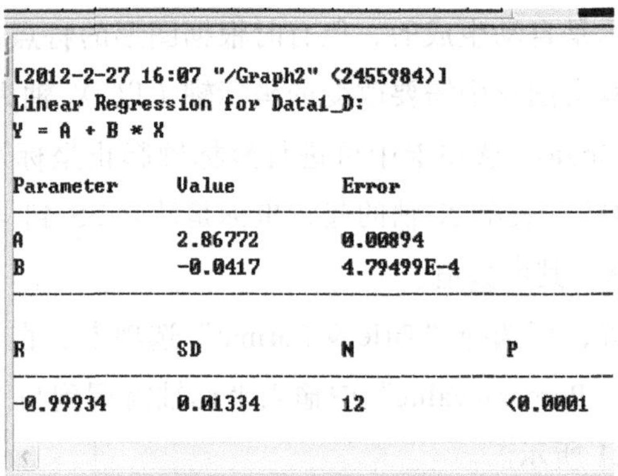

```
[2012-2-27 16:07 "/Graph2" <2455984>]
Linear Regression for Data1_D:
Y = A + B * X

Parameter      Value         Error

A              2.86772       0.00894
B              -0.0417       4.79499E-4


R              SD            N           P

-0.99934       0.01334       12          <0.0001
```

图 2.16　拟合记录窗口

如果要求外推值时，须将直线外推，这时可选择"使用拟合工具拟合"。操作方法是：点击"数据（Data）"，选中要拟合的那一组数据（图 2.14，√），再点击"工具（Tools）"，在下拉菜单中选择"线性拟合（Linear Fit）"，在打开的线性拟合对话框中点击"Settings"选项卡（见图 2.17），把"范围（Range）"中的数值增大，再点击"Operation"选项卡返回原线性拟合对话框，点击"拟合（Fit）"（见图 2.18），即可使拟合直线外推延长。

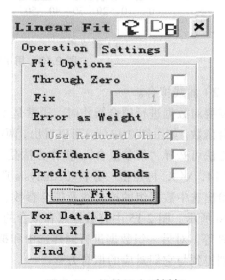

图 2.17　"Settings"对话框　　　　　　图 2.18　线性拟合对话框

如果想查询所拟合公式某 X 值对应的 Y 值时，可以直接在线性拟合对话框的底部"Find X"中输入数值，单击"Find Y"按钮，此时在"Find Y"栏中即可显示出对应的 Y 值，如图 2.19 所示（注意：须在点击 Fit、Find X 和 Find Y 被激活后才能使用）。

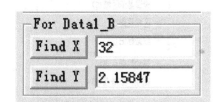

图 2.19　查询拟合公式 X 值对应的 Y 值

（3）坐标轴的设置。

一般坐标轴的标度显示是自动生成的，但有时根据图形的特点，需要改变坐标轴的标度或位置。操作方法如下：双击图形中需要改变的坐标轴（以 X 轴为例），打开"Axis"对话框，如图 2.20 所示。在"Scale"选项卡中可进行坐标轴起止坐标及标度间隔的选择。图中"From，−2.5"和"To，45"，表示 X 轴的起止坐标是从 −2.5 到 45；"Increment，5"表示标度间隔是 5，按需要可修改其中数值。

若要改变坐标轴的位置，可选择"Title & Format"选项卡，在"Bottom"的下拉框中选择"At Position ="，再在"Percent/Value"中输入坐标轴需调到与 Y 轴对应位置的数字，点击"确定"即可，如图 2.21 所示。

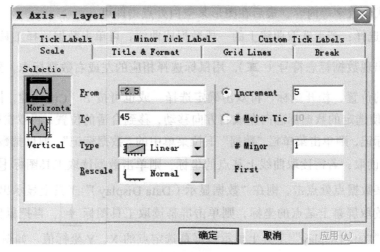

图 2.20　坐标轴的标度设置（"Axis"对话框）

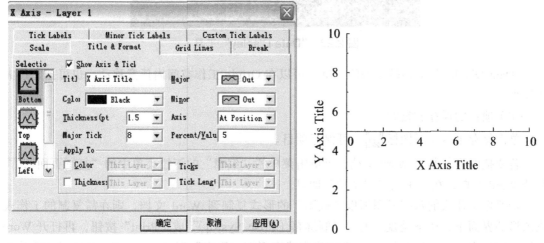

图 2.21　坐标轴的位置设置

（4）坐标轴的标注。

坐标轴须注明变量的名称和单位。操作方法是：双击打开图中需要标注坐标轴下方的"Axis Title"，在其中输入变量的名称和单位，并可据图 2.6 中的字体格式工具栏图标进行上标、下标、字体、字号等的选择操作，最后在图形某空白处点击即可。如图 2.22 所示。

（5）工具图标的使用。

① 文本的添加：若需要在图中作相关说明或标注某些条件等，可选择工具图标（见图 2.8）中的文本工具图标 T 来添加。操作方法是：单击图标 T ，再把鼠标移到图中某处点击，然后输入需添

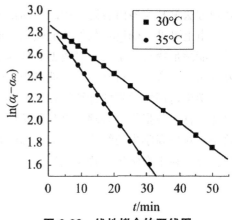

图 2.22　线性拟合的双线图

加的文字或公式、数字等内容，最后在图形某空白处点击即可。

② 数据的选择：若需选取曲线上的一段数据或曲线，可单击数据选择工具图标 ⬍ ，在数据曲线两端出现数据标志符号（ ￦ ），用鼠标选择相应的左或右数据标志，然后按下鼠标拖动移到合适的位置，松开鼠标，再双击确定选择。或也可按下"Ctrl"键，同时按下"左或右箭头键"，使选定的数据标志向左或右方向移动，移到合适的位置，再双击确定选择。如果要消除数据标记，则单击菜单栏"数据"下拉菜单中的"数据标记"，即可把数据标记消除。

③ 数据的读取：若需读取曲线上某点的坐标，则单击数据读取工具图标 ▦ ，再把鼠标移到图中曲线某数据点处点击，则在"数据显示（Data Display）"工具上显示出该点的 X、Y 坐标值。若需读取屏幕上某点的坐标，则单击屏幕读取工具图标 ✛ ，再把鼠标移到图中某处点击，则在"Data Display"工具上显示该屏幕选定点的 X、Y 坐标值。如图 2.23 所示。

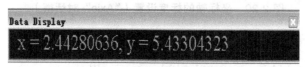

图 2.23 "Data Display"工具

"Data Display"工具是浮动的，单击可以在 Origin 工作空间内任意移动，也可把它拉大或缩小。

（6）项目的保存和复制。

单击保存项目工具图标 💾 ，可保存项目。

若要把图形复制到 Word 文档，可单击菜单栏"编辑"的下拉菜单中的"复制页面"，再打开 Word 文档，在其中点击"粘贴"即可。

若要把工作表的数据或图形以"截图"的形式复制到 Word 文档，则在需复制的工作表或图形的界面下，按下键盘中的"复制屏幕（Prtsc SysRq）"或"Print"按钮，再打开 Word 文档，在其中点击"粘贴"，则整个工作表或图形即"影印"到 Word 文档，再通过"图片工具栏"中的"裁剪"工具进行按需裁剪。

以上内容是物理化学实验数据处理中常用到的一些基本操作，各个物理化学实验的数据处理方法见其实验内容附后中的"Origin 处理实验数据的方法"。

由上可见，Origin 软件功能强大，能够准确、快速、方便地处理化学实验数据和绘制图形，能满足物理化学实验对数据处理的要求，能有效地提高测定结果的精密度和准确度，只要方法选择合适，得到的结果就更为准确。

学生运用所学到的计算机知识处理实验数据和绘图，可使实验数据的处理误差小，方便快捷，且实验报告更合理、更具科学性，能在很大程度上提高我们的实验工作及科研工作的效率，对提高学生的综合处理能力和综合素质有较大的作用。Origin 软件易学易用，操作简便快捷，易于在学生中普及应用。

第 3 章　基础实验

实验 1　液体饱和蒸气压的测定——静态法

一、实验目的

1. 了解用静态法测定液体饱和蒸气压的方法和原理,进一步理解纯液体饱和蒸气压与温度的关系——克劳修斯-克拉贝龙方程式。

2. 用数字式真空计测定不同温度下环己烷的饱和蒸气压,掌握真空泵、恒温槽的使用。

3. 学会用图解法求所测温度范围内的平均摩尔汽化热及正常沸点。

二、实验原理

在一定温度下,使纯液体处于平衡状态时的蒸气压力,称为该温度下的饱和蒸气压。该平衡状态为动态平衡,即液体分子从表面逃逸成蒸气的速率与蒸气分子因碰撞而凝结成液相的速率相等,此时气相中的蒸气密度不再改变,因而具有一定的饱和蒸气压。

液体的蒸气压与温度有关,温度升高,分子运动加剧,因而单位时间内从液面逸出的分子数增多,蒸气压增大。反之,温度降低时,则蒸气压减小。当蒸气压与外界压力相等时,液体便沸腾,外压不同时,液体的沸点也不同。当外压为 101325 Pa 时的沸腾温度定为液体的正常沸点。

纯液体的饱和蒸气压与温度的关系可用克劳修斯-克拉贝龙(Clausius-Clapeyron)方程式来表示:

$$\frac{\mathrm{d}\ln p^*}{\mathrm{d}T} = \frac{\Delta_{\mathrm{vap}}H_{\mathrm{m}}}{RT^2} \tag{3.1.1}$$

式中,p^* 为纯液体在温度 T 时的饱和蒸气压(Pa);T 为热力学温度(K);$\Delta_{\mathrm{vap}}H_{\mathrm{m}}$ 为液体摩尔汽化热;R 为气体常数。$\Delta_{\mathrm{vap}}H_{\mathrm{m}}$ 通常随温度的变化而变化,但若温度变化范围不大时,$\Delta_{\mathrm{vap}}H_{\mathrm{m}}$ 可视为与温度无关的常数,当作平均摩尔汽化热,式(3.1.1)可写成积分形式:

$$\ln p^* = -\frac{\Delta_{\mathrm{vap}}H_{\mathrm{m}}}{RT} + C \tag{3.1.2}$$

式中,C 为积分常数,与压力 p^* 的单位有关。

由式(3.1.2)可知,在一定温度范围内,测定不同温度下的饱和蒸气压,以 $\ln p^*$ 对 $\frac{1}{T}$ 作图,拟合可得一直线,直线的斜率为 $-\dfrac{\Delta_{\mathrm{vap}}H_{\mathrm{m}}}{R}$,由斜率可求出液体的 $\Delta_{\mathrm{vap}}H_{\mathrm{m}}$(平均摩尔汽化

热）。从图中利用外推法可求得压力为 101325 Pa 时对应的沸腾温度 T_b，T_b 即为该液体的正常沸点，或也可由拟合公式求得其正常沸点。

测定饱和蒸气压常用的方法有静态法、动态法和饱和气流法等。但静态法的准确性较高。

静态法测定液体的饱和蒸气压，是将被测物质放在一个密闭的体系中，在某一温度下，通过调节外压以平衡液体的蒸气压，求出外压就能直接得到该温度下的饱和蒸气压。此法一般适用于蒸气压比较大的液体。用静态法测定不同温度下纯液体的饱和蒸气压，有升温法和降温法两种。本实验采用静态法及升温法测定不同温度下纯液体的饱和蒸气压。

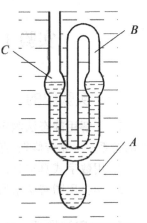

图 3.1.1 为平衡管示意图，平衡管由 A 球和 U 形管 B、C 组成，平衡管的 C 管上接一冷凝管，以橡皮管与压力计相连。A 球内装待测样品，U 形管内用样品本身做封闭液。在一定温度下，若 A 球的液面上纯粹是待测液体的蒸气，则 B 管液面上所受的压力就是其蒸气压。当 U 形管两臂（B 管和 C 管）的液面齐平时，则表示 B 管液面上的压力与加在 C 管液面上的外压相等，从相接的压力计（压差测量仪）中测出外压就能得到该温度下的饱和蒸气压。此时，体系气液两相平衡的温度称为液体在此外压下的沸点。

图 3.1.1 平衡管示意图

三、仪器及试剂

仪器：
蒸气压测定装置 1 套；真空泵 1 台；数字式低真空测压仪 1 台；恒温装置 1 套。
试剂：
环己烷（A.R.）；
实验测定装置示意图如图 3.1.2 所示。

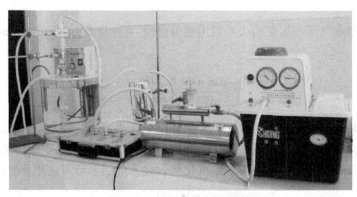

图 3.1.2 实验测定装置图

从左到右排列的仪器为：恒温槽；平衡管；低真空测压仪；进气、抽气阀控制箱；缓冲瓶；真空泵。

四、实验步骤

1. 装样：取下平衡管，将 A 球烤热，赶出球内空气，再速从上口加入环己烷，冷却 A 球时，即可将环己烷吸入。反复两三次，使液体装至 A 球约 2/3 体积。在 U 形管中加环己烷做封闭液，然后与冷凝管连接好。按测定装置图（图 3.1.2）接好测量线路，所有接口必须严密封闭。

2. 准确读取实验时的大气压值：为防止大气压的变化影响测量结果，实验过程中至少应读取三次大气压值，可在实验初、中、毕各读取一次，取平均值。

3. 恒温调节：首先打开冷凝水，接通恒温槽总电源，打开搅拌器开关，按下温度设定按钮，设定目标温度如 30 ℃，返回测定，进行加热恒温。

4. 系统检漏：先打开通气活塞[包括控制箱的进气阀（图 3.1.3 中阀）和缓冲瓶的进气活塞]使系统通大气，于低真空测压仪上置 0（此时压力显示为 0，见图 3.1.4），再关闭通气活塞，打开真空泵，缓缓打开抽气阀（图 3.1.3 右阀），使低真空测压仪上显示压差为 4 ~ 5.3 kPa。关闭抽气活塞，注意观察压力测量仪的数字变化。若在数分钟内压力测量仪的显示值基本不变，表明系统不漏气；若压力测量仪的显示数字逐渐变小，则表明系统漏气，须分段检查，找出漏气部位，设法消除。

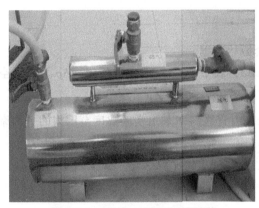

图 3.1.3　进气、抽气阀控制箱

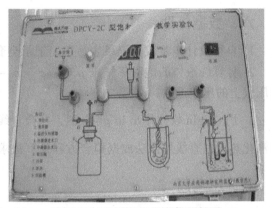

图 3.1.4　低真空测压仪面板图

5. 测定不同温度时环己烷的饱和蒸气压：打开通气活塞使系统通大气，于低真空测压仪上置 0，再关闭通气活塞，打开真空泵，打开抽气阀缓慢抽气，使平衡管 A 球中液体内溶解的空气和 A、B 空间内的空气呈气泡状通过 U 形管中液体排出。抽气期间，气泡逸出速度逐渐加快，应通过逐渐关小抽气阀以控制气泡逸出速度。若干分钟后，待低真空测压仪上压差显示达 – 84 kPa 左右时，关闭抽气阀，C 管中的气泡将逐渐减少，调节进气阀，使空气缓缓进入测量系统，直至平衡管中 B、C 管中液面平齐，迅速从低真空测压仪上读出压力差值，并立即关闭进气阀。同法再抽气，再调节 B、C 管中液面平齐，重读压力差值，直至两次的压力差值相差无几（≤67 Pa），则表示 A 球液面上的空间已全被环己烷蒸气充满，空气已被赶净，记录温度和压差。

然后，将恒温槽温度升高 5 ℃，升温期间应注意调节进气阀或抽气阀。因为在加热过程中，平衡管 A 球液面上方蒸气因温度升高而体积增大，不断有气泡通过封闭液逸出，会导致 A 球内液体逐渐减少，此时可微微调节进气阀，使封闭液始终保持在 U 形管中，避免气泡逸出或空气倒灌。待恒温槽温度恒定 2 min 后，缓慢调节进气阀使 B、C 管中液面平齐，记录温度和压差。在同一温度下再测定两次，取平均值。如此依次测定 40 ℃、45 ℃、50 ℃、55 ℃温度时环己烷的蒸气压，共测 6 个温度下的压差值。

6. 实验毕，缓缓打开放气活塞使系统通大气，再关闭抽气泵，切断电源，最后关闭冷凝水，使实验装置复原。

五、实验注意事项

1. 抽气速度要缓慢，切忌抽气太快，否则平衡管内的封闭液因急剧汽化不能顺利冷凝回流而迅速减少，影响测定，甚至使实验无法进行。

2. 测定压差前，须将平衡管中 A、B 液面间的空气赶净。系统真空度越高，平衡管内液体的汽化速度越快，应及时调整活塞减慢抽气速度。

3. 测定中，打开进气活塞时，切不可太快，以免空气倒灌入 A、B 弯管的空间中。如果发生倒灌，则必须重新抽气排除空气。

4. 在整个实验过程中，要严防空气倒灌，否则会使实验数据偏大。

5. 蒸气压与温度有关，故测定过程中恒温槽的温度波动需控制在 ± 0.1 K 内。

六、数据处理

1. 自行设计实验数据记录表，正确记录全套原始数据。

2. 计算纯液体的饱和蒸气压 p^* 时：$p^* = p_0 - \Delta p$，式中 p_0 为室内大气压值，Δp 为低真空测压仪上的压差读数。

3. 用 Origin 软件作出 $\ln p^*$-$\frac{1}{T}$ 图，拟合直线，由直线斜率求出实验温度范围内的平均摩尔汽化热。据直线外推法或据拟合方程计算法求出环己烷的正常沸点，并与文献值比较。

七、思考题

1. 压力和温度的测量都有随机误差，试导出 $\Delta_{vap} H_m$ 的误差传递表达式。

2. 本实验方法能否用于测定溶液的饱和蒸气压？为什么？

3. 温度愈高，测出的蒸气压误差愈大，为什么？

4. 为什么平衡管的 A、B 弯管中的空气要排干净？怎样操作？怎样防止空气倒灌？

【附录 1】 恒温槽的构造、原理及其使用

物质的许多性质如蒸气压、表面张力、黏度、密度、折射率、化学平衡常数、反应速率常数等都随温度而改变，要测定这些性质必须在恒温条件下进行。因此，掌握恒温技术非常必要。

恒温控制可分为两类：一类是利用物质的相变点温度来获得恒温。例如，应用冰-水体系来实现 0 ℃ 的恒温，应用液氮体系来实现 – 195.9 ℃ 的恒温，应用干冰-丙酮体系来实现 – 78.5 ℃ 的恒温等。这些物质处于相平衡时，温度恒定而构成一个恒温介质，将被测系统置于该介质中，就可以获得一个高度稳定的恒温条件。但采用这种恒温控制方法时温度的选择受到很大限制。另外一类是利用电子调节系统进行温度控制。此方法控温范围宽，可以任意调节和设定温度。实验室中所用的恒温装置一般分为高温恒温（ > 250 ℃）、常温恒温（室温到 250 ℃ 之间）及低温恒温（室温到 – 218 ℃ 之间）三大类，应用较多的是常温恒温装置。

常温控制通常用恒温槽控制温度，它是一种可调节的恒温装置，是实验室中常用的一种以液体为介质的恒温装置。用液体作介质的优点是热容量大，导热性好，使温度控制的稳定性和灵敏度大为提高。

一、恒温槽的构造及基本原理

许多物理化学实验需要精确地控制温度，要求测量在恒温槽中进行，故恒温槽的安装、调试和使用是物理化学实验中所必须掌握的实验技术之一。

图 3.1.5 是一种典型的恒温槽装置，由以下几个方面组成：

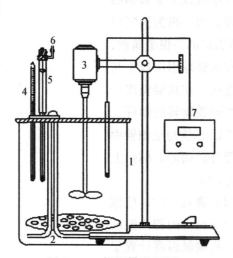

图 3.1.5　恒温槽装置图

1—浴槽；2—加热器；3—搅拌器；4—温度计；5—感温元件（接触温度计）；
6—接温度控制器；7—接数字贝克曼温度计

1. 浴槽：浴槽可根据不同的实验要求选择合适质料的槽体，其形状、大小也视实际需要而定。如果控制温度与室温相差不大，可用敞口大玻璃缸作为浴槽；对于较高和较低温度的控制，应考虑保温问题。

2. 加热器或制冷器：如果设定温度值高于环境温度，通常选用加热器；反之，若设定温度低于环境温度，则须选择合适的制冷器。加热器或制冷器功率的大小直接影响恒温槽的控温品性。对电加热器的要求是热容量小，导热性好，功率适当。

3. 介质：通常根据控制温度范围的不同选择不同类型的恒温介质。如控制温度在 −60～30 ℃ 时，一般选用乙醇或乙醇水溶液；0～90 ℃ 时用水；80～160 ℃ 时用甘油或甘油水溶液；70～200 ℃ 时常用液状石蜡或硅油。有时也应视实验具体要求选择合适的恒温介质，如实验中要求选用绝缘介质，则可选用变压器油等。

4. 搅拌器：加强液体介质的搅拌，对保证恒温槽温度均匀起着非常重要的作用。搅拌器的功率、安装位置和桨叶的形状，对搅拌效果有很大影响。实验中应视需要选择不同的搅拌器，搅拌时应尽量使搅拌桨位于加热器上面或靠近加热器，使加热后的液体能及时混合均匀再流至恒温区。

5. 感温元件：对温度敏感的元件称为感温元件，它是恒温槽的感觉中枢，是提高恒温槽精度的关键部件。温度控制器接受来自感温元件的输入信号，从而控制加热器的工作与否。原则上凡是对温度敏感的器件均可作为感温元件。感温元件的种类很多，常用的有接触温度计（或称水银导电表）、热电偶、热敏电阻等。这里仅以接触温度计为例说明它的控温原理。

接触温度计的构造如图 3.1.6 所示。其结构与普通水银温度计有所不同，它有两个电极：一个是在水银柱上面毛细管中可以上下移动的金属丝触针，称为可调电极；另一极为固定电极，是从温度计底部水银槽引出的一根金属丝，这两个电极（螺杆引出线和水银球引出线）与温度控制系统（继电器）连接。在接触温度计上部装有一根可随管外永久磁铁旋转的螺杆。螺杆上有一指示"标铁"（5），标铁与毛细管中金属丝（触针）相连。当螺杆转动时，标铁上下移动即带动金属丝上升或下降。

调节温度时，先转动调节磁帽（1），使螺杆转动，带着标铁移动至所需设定的控制温度（可由上温度刻度板读出）。将接触温度计置于恒温槽中，当恒温槽温度未达到标铁上端所指示温度时，两个电极不导通，向继电器发出加热信号，继电器控制使加热器处于通电状态而加热；当水温逐渐升高后，水银柱上升与上金属丝触针相接（此时温度也达到了标铁设定值），即两个电极导通，向继电器发出停止加热

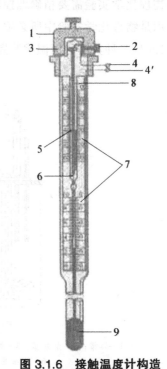

图 3.1.6　接触温度计构造

1—调节帽；2—调节帽固定螺丝；3—磁铁；4—螺杆引出线；
4′—水银球引出线；5—标铁；6—金属丝；
7—温度刻度板；8—螺杆；9—水银

信号，继电器控制使加热器电源被切断而停止加热。恒温槽中的水因散热致使水温逐渐下降，水银柱下降与金属丝触针断开，继电器又控制使加热器处于通电状态而加热。如此不断反复，加热与不加热两过程交替进行，使恒温槽温度控制在一个微小的区间内波动，从而达到恒温的目的。

值得注意的是，该接触温度计上的温度刻度很粗糙，读取的温度值只是一个粗略的估计值，准确的温度值应从恒温槽的另一支精密温度计上读取。当所需的控温温度稳定时，将磁帽上的固定螺丝旋紧，使之不发生转动。

6. 温度计：通常选用 1/10 ℃ 水银温度计准确测量系统的温度，有时应据实验之需也可选用其他更精密的温度计。为精确测量恒温槽的温度波动性，即灵敏度，宜选用高精度的贝克曼温度计测量体系的温度变化。随着电子技术的发展，精密温度计及贝克曼温度计可用数字式精密温度温差测量仪所代替。

7. 温度控制器：常用由继电器和控制电路两部分组成的电子继电器作为温度控制器，它是依据感温元件发送的信号来控制加热器的"通"与"断"，从而达到控制温度的目的。电子继电器控制温度的灵敏度很高，随着电子技术的发展，电子继电器中的电子管大多已为晶体管所代替。

现以用热敏电阻作为感温元件的晶体管继电器为例说明它的控温原理。

晶体管继电器的温控系统，由直流电桥电压比较器、控温执行继电器等部分组成。当感温探头热敏电阻感受的实际温度低于控温选择温度时，电压比较器输出电压，使控温继电器输出线柱接通，恒温槽加热器加热；当感温探头热敏电阻感受温度与控温选择温度相同或高于时，电压比较器输出为"0"，控温继电器输出线柱断开，停止加热；当感温探头感受温度再下降时，继电器再动作，重复上述过程达到控温目的。

使用该仪器时需注意保护感温探头。感温探头中的热敏电阻是采用玻璃封结，使用时应防止与较硬的物件相撞，用毕后感温探头头部用保护帽套上，感温探头浸没深度不得超过 20 cm。使用时若继电器跳动频繁或跳动不灵敏，可将电源相位反接。

二、控温灵敏度

恒温槽的温度控制装置属于"通"、"断"类型，当加热器接通后，恒温介质温度上升，热量的传递使水银温度计中的水银柱上升。但热量的传递需要时间，因此常出现温度传递的滞后，往往是加热器附件介质的温度超过设定的温度，所以恒温槽的温度超过设定温度。同理，降温时也会出现滞后现象。由此可知，恒温槽控制的温度有一个波动范围，并不是控制在一固定不变的温度，并且恒温槽内各处的温度也会因搅拌效果优劣而不同。控制温度的波动范围越小，各处的温度越均匀，恒温槽的灵敏度越高。灵敏度是衡量恒温槽性能优劣的主要标志，它除了与感温元件、电子继电器有关外，还与搅拌器的效率、加热器的功率等因素有关。

控温效果可以用灵敏度表示：

$$t_E = \pm \frac{t_1 - t_2}{2}$$

式中，t_1 为恒温过程中水浴的最高温度；t_2 为恒温过程中水浴的最低温度。

图 3.1.7 是几种典型的控温灵敏度曲线，其中 a 和 b 是在加热功率适中时测得的曲线，c 和 d 则表示加热功率过大和过小的情况。

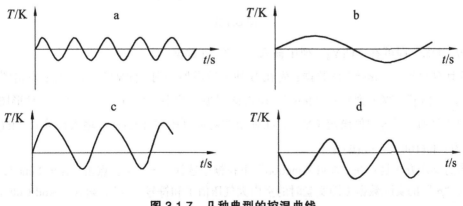

图 3.1.7 几种典型的控温曲线

灵敏度 t_E 描述了实际温度与设定温度间的最大偏离值。显然，图 3.1.7 中 a 的控温性能优于 b。对于 c 和 d 所示控温曲线的恒温槽，由于控温曲线的不对称性，用上式计算"t_E"是无意义的。

【附录 2】 Origin 处理"液体饱和蒸气压的测定"实验数据

1. 打开 Origin：

双击"Origin7.0"图标 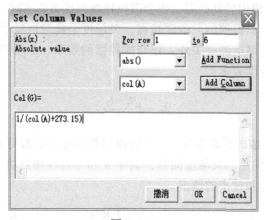，出现"工作表窗口"。

2. 输入"温度"和"压力"实验记录的数据：

在"A[X]"列中输入温度数据，写上列标签：双击"A[X]"，出现对话框，在对话框的下部"Column Label"框内输入"$t/℃$"，点击"OK"。

在"B[Y]"列中输入相应的压力数据，写上列标签：双击"B[Y]"，在"Column Label"框内输入"p/kPa"，点击"OK"。

3. 计算后输入"$1/T$"和"$\ln p^*$"列数据：

（1）计算后输入"$1/T$"列数据：先在 A、B 列之间插入一列"C[Y]"，方法是：把鼠标移到"B[Y]"列的顶部，点击鼠标右键，出现下拉菜单，选择"Insert（插入）"点击，即可在 A、B 列之间插入新的一列"C[Y]"，写上列标签"$1/T$"。单击该列顶部选中，再点击菜单命令"柱形图"，在下拉菜单中选择" 列值设定（V）"，在弹出的对话框中 Col(H) = 处输入计算式：$1/T$（实际应为：$1/\text{col}(A) + 273.15$)，如图 3.1.8 所示：

图 3.1.8

点击"OK"即可在"C[Y]"列中输入"$1/T$"列数据。

（2）计算后输入"$\ln p^*$"列数据：先在 B 列之后添加一列"D[Y]"，方法是：点击图标 添加 1 列"D[Y]"，写上列标签"$\ln p^*$"，单击该列顶部选中，再点击菜单命令"柱形图"，在下拉菜单中选择" 列值设定（V）"，在弹出的对话框中 Col(H) = 处输入计算式：$\ln(p_0 - p)$ [实际应为：$\ln(100.1 - \text{col}(B))$]。

此步的操作方法是：在"Add Function"下拉框中选择"ln（ ）"，点击"Add Function"；在其中输入"p_0"的实际数据（即实验时的室内大气压值）和符号"-"，再在"Add Column"下拉框中选择"Col(B)"（即 p/kPa 列），点击"Add Column"，点击"OK"即可。如图 3.1.9 所示：

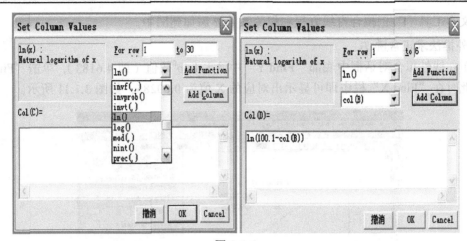

图 3.1.9

4. 线性拟合。

（1）以"$\ln p*$"列对"$1/T$"列作描点图：首先改变"C[Y]"（即 $1/T$ 列）的属性，方法是：对"C[Y]"顶部双击，在弹出的对话框中，把"Y"改成"X"，点击"OK"即可把"C[Y]"（即 $1/T$ 列）的属性由因变量改成自变量"C[X2]"。然后单击"D[Y2]"（即 $\ln p*$ 列）顶部选中，点击 按钮，得一描点图。

（2）进行线性拟合：使用拟合工具拟合，方法是：点击"工具（Tools）"，在其下拉菜单中选择"线性拟合（（Linear Fit））"，在打开的线性拟合对话框中点击"拟合（Fit）"，在图中即可出现拟合直线，在记录窗口（窗口的下部）中有拟合直线方程的参数和相关系数 R 等，如图 3.1.10 所示。

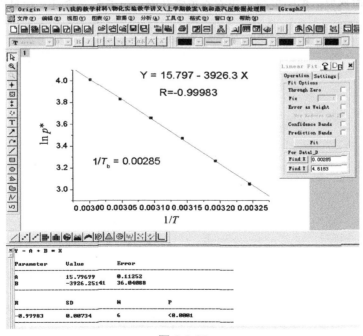

图 3.1.10

用文本工具 T 把拟合直线方程和相关系数 R 添加到图中。

5. 外推法求正常沸 T_b。

（1）在线性拟合对话框中底部"Find Y"中输入 $\ln p^\ominus$ 数值（即 4.6183），单击"Find X"按钮，此时在"Find X"栏中即可显示出对应的 X 值为 0.00285，如图 3.1.11 所示。

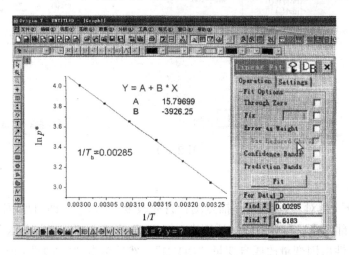

图 3.1.11

用文本工具 T 把该 X 值添加到图中。

（2）写上坐标轴的变量及单位等，把图复制到 Word 文档。

最后把工作表数据以"影印"的形式复制到 Word 文档，再通过"图片工具栏"中的"裁剪"工具进行按需裁剪。把图形和工作表表格排好版，写上必要条件、信息等，即可打印。

实验 2　燃烧热的测定

一、实验目的

1. 通过邻苯二甲酸的燃烧热的测定，了解氧弹式量热计的原理、构造和使用方法，掌握有关使用氧弹式量热计进行量热实验的一般知识和测量技术。

2. 理解恒压燃烧热与恒容燃烧热的差别及相互关系。

3. 学会应用图解法校正温度的改变值，掌握用 Origin 软件绘制雷诺温度校正图的方法。

二、实验原理

燃烧热是指 1 mol 物质完全燃烧时所放出的热量。所谓"完全燃烧"是指燃烧物质中的 C 变为 CO_2（气），H 变为 H_2O（液），S 变为 SO_2（气），N 变为 N_2（气），金属如银等都成为游离状态。

燃烧热可在恒容或恒压情况下测定。由热力学第一定律可知：在不作非膨胀功情况下，恒容燃烧热 $Q_V = \Delta U$，恒压燃烧热 $Q_p = \Delta H$。在氧弹式量热计中测得的燃烧热为 Q_V，而一般热化学计算用的值为 Q_p。若把参加反应的气体和反应生成的气体作为理想气体处理，两者可通过下式进行换算：

$$Q_p = Q_V + \Delta nRT \qquad (3.2.1)$$

式中，Δn 为反应前后生成物和反应物中气体的摩尔数之差；R 为摩尔气体常数；T 为反应温度（K）。

用氧弹式量热计进行实验时，氧弹放置在装有一定量水的铜水桶中，水桶外是空气隔热层，再外面是温度恒定的水夹套。样品在体积固定的氧弹中完全燃烧，放出的热量传给水及桶内有关附件，引起温度上升。测量桶内的水在燃烧前后温度的变化值，就可计算出该样品的恒容燃烧热 Q_V。其关系如下：

$$-\frac{m_{样}}{M}Q_V = (m_水 C_水 + C_{计})\Delta T \qquad (3.2.2)$$

式中，$m_样$ 和 M 分别为样品的质量和摩尔质量；$m_水$ 和 $C_水$ 为水的质量和比热容；$C_{计}$ 为量热计的水当量（即除水之外，量热计每升高 1 ℃ 所需的热量）；ΔT 为样品燃烧前后水温的变化值。

仪器的水当量 $C_{计}$ 通常是用已知燃烧热的物质来标定。若测量过程中使用同一量热计，每次用的水量相同，则（$m_水 C_水 + C_{计}$）可作为一个定值 $\overline{C}$ 来处理，故样品的恒容燃烧热为

$$Q_V = -\frac{M}{m}\overline{C}\Delta T \qquad (3.2.3)$$

式中，$\overline{C}$ 称为总当量值，本实验用标准物苯甲酸来标定。

为了保证样品完全燃烧，氧弹中充以 1 ~ 1.5 MPa 的氧气作为氧化剂。

因环境和量热系统之间不可避免地存在相互热交换，对量热系统的温度变化值产生影响，

这可以通过雷诺图解法来校正。即根据不同时间 t 测得量热系统的温度 T 的数据，作温度-时间曲线 $abcd$，如图 3.2.1（a）所示。图中 b 点相当于开始燃烧的点，c 为燃烧结束后观察到的最高点的温度读数，然后在温度轴上找出对应于夹套水温的点 T 作时间轴的平行线，交 $abcd$ 于 O' 点；过 O' 点作垂直线 AB，此直线与 ab 线和 cd 线的延长线交于 EF 两点，则 E 点和 F 点所表示的温度之差值，即为校正后系统的温度改变值 ΔT。图中 EE' 为开始燃烧到温度升至环境温度这一段时间 Δt_1 内，因环境辐射和搅拌引起的能量造成量热计温度的升高，必须扣除；FF' 为温度由环境温度升到最高温度 c 这一段时间 Δt_2 内，量热计向环境辐射出能量而造成的温度降低，故需添上。由此可见，EF 两点的温度差较客观地表示了样品燃烧前后系统的温度改变值。

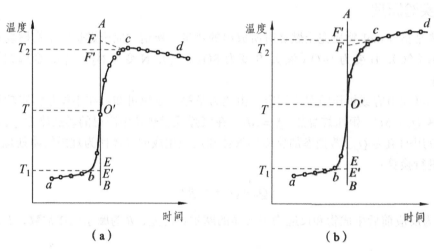

图 3.2.1　雷诺温度校正图

有时量热计的绝热情况良好，热漏小，但由于搅拌不断引进少量能量，使燃烧后最高点不出现，如图 3.2.1（b）所示，这时 ΔT 仍可按相同原理校正。

在用环境恒温量热计测量物质的燃烧热时，在燃烧反应前，由于搅拌和环境向体系辐射热量，引起体系的温度升高；在燃烧反应时，体系的温度由室温升到最高点期间，体系又向环境辐射热量。尽管用标准物质（如苯甲酸）进行标定，用雷诺作图法对实验结果进行校正，消除了大部分系统误差，但热漏对实验结果的影响仍是不可忽略的。为了减少热漏对实验准确性的影响，在量热计的制造过程中，使量热计的内壁高度抛光，减少热辐射；在量热计和水夹套壳中间设置一层挡屏，以减少空气对流。用绝热量热计量热，基本上可以消除热漏对实验结果的影响。

在较精确的实验中，辐射热、点火丝的燃烧热、温度计的校正、供燃烧用的氧气中含有的氮气氧化成硝酸而放出的热量等都应予以考虑。

对其他热效应的测量（如溶解热、中和热、化学反应热等），可用普通杜瓦瓶作量热计。它也是用已知热效应的物质先标定量热计的总当量，然后对未知热效应的反应进行测定。对于吸热反应可用电热补偿法直接求出反应热效应。

三、仪器及试剂

仪器：

HR-15B 型氧弹式量热计 1 台；精密温度温差测量仪 1 台；氧气钢瓶 1 个；氧气减压阀 1 个；万用电表 1 个。

试剂：

苯甲酸（A.R.）；邻苯二甲酸（A.R.）。

实验测定装置示意图如图 3.2.2 所示。

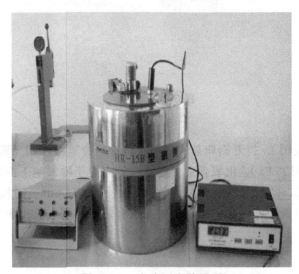

图 3.2.2　实验测定装置图

从左到右排列为：点火控制箱；氧弹式量热计；数字式精密温度温差测量仪。

四、实验内容和步骤

（一）用苯甲酸标定总当量值 $\bar{C}$

1. 样品压片及称量。

用台秤称取约 0.95 g 的苯甲酸，在压片机上稍用力压成片状，用镊子将样品在干净的称量纸上轻击几次，除去碎屑后，于电子天平上精确称量。压片机如图 3.2.3 所示。

2. 系点火丝。

将样品片置于干燥的燃烧皿中，剪取 18 cm 长的点火丝，使其中部在直径约 3 mm 的铁丝上绕 5~6 圈。将点火丝的两端分别紧绕在氧弹头中的两根电极上，并将点火丝的中间圈部紧贴在样品片的表面，注意点火丝不能与燃烧皿相接触或短路。把弹头放入弹杯中，旋紧氧弹盖。用万用电表检查两电极间的电阻值，一般不应大于 20 Ω。氧弹如图 3.2.4 所示。

图 3.2.3　压片机

图 3.2.4　氧弹

3. 充氧气。

旋松减压阀（即关闭），打开钢瓶总阀门后，再徐徐拧紧减压阀（即开启），至输出压力达 15 atm（1 atm = 101325 Pa），把氧弹盖上的进气管口置于输氧闸下面的圆筒内，按下输氧闸，稍等，拉上输氧闸，即向氧弹中充入了 1.3 MPa（约为 13 atm）的氧气（见图 3.2.5）。再次用万用电表检查两电极间的电阻，如阻值过大或有短路，则应放出氧气，开盖检查。

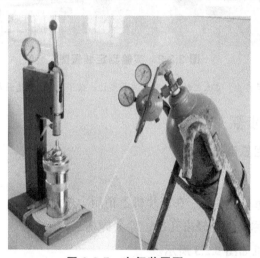

图 3.2.5　充氧装置图

4. 调节系统水温及装置氧弹。

将温度测量仪的感温探头放入量热计水夹套水中，测量环境水温，取 3 000 mL 以上自来水，将感温探头放入水中，调节其水温使其比水夹套水温低 0.9 ℃ 左右（为什么？）。用容量瓶量取 3 000 mL 已调温的水注入铜水桶中，把铜水桶置于量热计内的绝热支柱上并固定好。在氧弹盖上连接好两电极，并置于铜水桶内的氧弹架上，水面盖过氧弹，如有气泡逸出，说明氧弹漏气，寻找原因，排除。盖上量热计盖子，装好搅拌头（搅拌时不可有金属摩擦声），最后将感温探头插入内桶水中，探头不可碰到氧弹。

5. 测量。

温度温差测量仪的数字显示有"温度"和"温差"两种模式："温度"模式相当于普通温度计，其读数为绝对值；"温差"模式相当于贝克曼温度计，其读数为相对值。

打开氧弹控制器电源开关，打开搅拌开关，搅拌 2 ~ 3 min，待温度稳定上升后，把温度温差测量仪的数字显示改为"温差"模式，置零，计时，每隔 1 min 读取 1 次温度（精确至 ± 0.002 °C）。8 ~ 10 min 后，按下控制器上的点火电键通电点火，温度读数改为 0.5 min 一次，至两次读数差值小于 0.005 °C 后，读数间隔恢复为 1 min 一次，再记录 10 次，停止实验。

最后把温度测量仪的感温探头放入量热计水夹套水中，测量环境水温，两种模式的读数均记录，"温差"模式的读数用于定温度校正图中的"J"点，"温度"模式的读数为计算公式（3.2.1）中的环境温度。

关闭电源后，取下搅拌头，取出氧弹，用放气阀将氧弹内的余气排出，旋开氧弹盖，检查样品燃烧是否完全。氧弹中应没有明显的燃烧残渣，若发现黑色残渣，应重做实验。最后擦干氧弹和盛水桶。

（二）测量邻苯二甲酸的燃烧热

称取约 1.3 g 邻苯二甲酸，同上法进行测量。

五、实验注意事项

1. 使用高压钢瓶时必须注意安全，严格遵守操作规则。

2. 本实验最重要的是：点火成功和燃烧完全。

3. 待测样品一定要干燥，压片须适度，太紧不易燃烧，太松易炸裂残失，使燃烧不能完全。

4. 点火成功的关键在于：点火丝要系紧在两电极上，其中间圈部一定要与样品紧密接触，但不能与燃烧皿相碰。

六、数据处理

1. 用 Origin 软件绘制雷诺温度校正图，求出苯甲酸和邻苯二甲酸燃烧前后的温度差 $\Delta T_{苯甲酸}$ 和 $\Delta T_{邻苯二甲酸}$。

2. 计算量热计的总当量 $\bar{C}$。已知苯甲酸在 298 K 时的燃烧热：$Q_p = -3226.8$ kJ/mol。

3. 求出邻苯二甲酸的燃烧热 Q_V 和 Q_p。实验要求邻苯二甲酸的燃烧热与文献值的误差小于 3%。

七、思考题

1. 在本实验中，哪些是体系，哪些是环境？实验过程中有无热损耗？这些热损耗对实验结果有何影响？

2. 加入铜水桶中的水的温度为什么要比外筒水的温度低？低多少合适？为什么？

3. 在使用氧气钢瓶及氧气减压阀时，应注意哪些规则？

4. 实验中，哪些因素容易造成误差？如果要提高实验的准确度应从哪几方面考虑？

【附录1】 高压气体钢瓶的使用及有关注意事项

在物理化学实验中，经常要用到氧气、氮气、氢气、氩气等气体。这些气体一般都贮存在专用的高压气体钢瓶中，使用时通过减压阀使气体压力降至实验所需范围，再经过其他控制阀门细调，使气体输入使用系统。

一、氧气减压阀的工作原理

最常用的减压阀为氧气减压阀，简称氧气表。氧气减压阀的外观如图3.2.6所示。

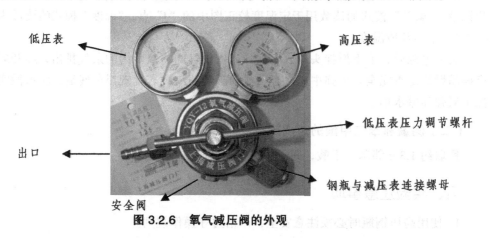

图 3.2.6 氧气减压阀的外观

氧气减压阀的高压腔与钢瓶连接，低压腔为气体出口，并通往使用系统；高压表的示值为钢瓶内贮存气体的压力，低压表的出口压力可由调节螺杆控制。使用时先打开钢瓶总开关，然后顺时针转动低压表压力调节螺杆，使其压缩主弹簧并传动薄膜、弹簧垫块和顶杆而将活门打开。这样进口的高压气体由高压室经节流减压后进入低压室，并经出口通往工作系统。转动调节螺杆，改变活门开启的高度，从而调节高压气体的通过量并达到所需的压力值。

减压阀都装有安全阀，它是保护减压阀并使之安全使用的装置，也是减压阀出现故障的信号装置。如果由于活门垫、活门损坏或其他原因，导致出口压力自行上升并超过一定许可值时，安全阀会自动打开排气。

二、氧气减压阀的使用方法

1. 按使用要求的不同，氧气减压阀有许多规格。最高进口压力大多为 15 MPa（150 kg·cm^{-2}），最低进口压力不小于出口压力的 2.5 倍。出口压力规格较多，一般为 0.25 MPa，最高出口压力为 4 MPa。

2. 安装减压阀时应确定其连接规格是否与钢瓶和使用系统的接头相一致。减压阀与钢瓶采用半球面连接，靠旋紧螺母使二者完全吻合，因此，在使用时应保持两个半球面的光洁，以确保良好的气密效果。安装前可用高压气体吹除灰尘，必要时也可用聚四氟乙烯等材料作垫圈。

3. 氧气减压阀应严禁接触油脂，以免发生火警事故。

4. 停止工作时，应将减压阀中余气放净，然后拧松调节螺杆以免弹性元件长久受压变形。

5. 减压阀应避免撞击振动，不可与腐蚀性物质相接触。

三、其他气体减压阀

有些气体，例如氮气、空气、氩气等永久性气体，可以采用氧气减压阀。但还有一些气体，如氨等腐蚀性气体，则需要专用减压阀。市面上常见的有氮气、空气、氢气、氨、乙炔、丙烷、水蒸气等专用减压阀。

这些减压阀的使用方法及注意事项与氧气减压阀基本相同。

四、使用注意事项

1. 要把气瓶固定在墙壁、支柱或专用推车上，务必不能使气瓶翻倒在地上。

2. 使用前应确认减压器是否完好并检查有无油脂污染。如有油脂存在，应由专业人员予以清洗。减压器上（特别是进口处）的杂质、污物及灰尘等应清除掉。

3. 检查气瓶阀是否有油脂污染，螺纹是否损坏，是否有杂质、污物存在。如发现有油脂存在或螺纹损坏，就不应再使用该气瓶并将这些情况通知供气单位，请他们清除气瓶阀（特别是阀口处）的杂质、污物及灰尘等。

4. 把减压器装到气瓶上，把全部连接接头扳紧。

5. 在打开气瓶阀前先要把减压器调节螺杆逆时针方向旋到调节弹簧不受压为止。

6. 打开气瓶阀时不要站在减压器的正面或背面。气瓶阀应缓慢开启至高压指示出瓶压读数。

7. 顺时针方向旋转减压器调节螺杆，使低压表达到所需的工作压力。如果太高应旋松调节螺杆，放出一部分气后重新调节。

8. 要检查是否漏气，先把气瓶阀关好，然后逆时针方向把调节螺杆旋出一圈。如果高压表读数减小，则说明减压器高压部分或气瓶阀漏气；如果低压表读数减小，则说明减压器低压部分或减压器后面的管路和设备漏气；如果高压表读数减小，同时低压表读数上升，则说明减压器阀座处漏气。以上漏气检漏效果均良好并安全地进行溶液检漏。

9. 气瓶不用时要随手把气阀关好。当工作结束后，先要关闭气瓶阀，然后打开焊、割具或设备上的阀把减压器的全部气体排出，接着把刚才打开的阀门关好，最后逆时针方向调节螺杆一直到调节弹簧不受压为止。

10. 使用减压器时严格执行国家劳动总局颁发的《气瓶安全监察规程》。

11. 发现减压器和配套压力表有损坏或异常现象时应立即进行修理。

12. 减压器的修理必须由专业人员进行。

13. 修理时要更换的零部件应是本厂同型号的零部件，否则有可能发出问题或达不到产品的性能要求。

14. 减压器长期受压，应定期送专门检修部门检修，一般一年检修一次。

但是，还应该指出：专用减压阀一般不用于其他气体。为了防止误用，有些专用减压阀与钢瓶之间采用特殊连接口。例如，氢气和丙烷均采用左牙螺纹，也称反向螺纹，安装时应特别注意。

【附录 2 】　数字式精密温度温差测定仪

数字式精密温度温差测定仪又叫数字贝克曼温度计，其系列仪器的出现结束了精密温差测量长期被水银贝克曼温度计统治的历史，为实验室避免水银污染和提高教学、科研、生产效率开辟了广阔的前景。JDT-2A 型精密电子温度温差测量仪可实现"温度"与"温差"两种模式切换显示，温差基准软件自动置零具有定时读数提示声、光警示功能。

数字贝克曼温度计采用电子技术和专用电脑芯片，通过高性能的信号处理技术制成，具备测量精度高、测量范围宽、操作简单等优点，因而能取代贝克曼温度计和玻璃水银温度计。

JDT-2A 型精密电子温度温差测量仪的主要参数为：温差测量范围 ± 19.999 ℃；温差分辨率 0.001；最大测量范围 – 50 ~ + 150 ℃（可根据用户需求进行扩展标定）；稳定度 ± 0.001 ℃；相对湿度 ≤ 85%。

数字式精密温度温差测定仪的使用方法：

1. 操作前准备：将仪器电源线接入 220 V 电网，检查探头编号与仪器后盖编号是否相符，并将探头与仪器对应的接口连接好。将探头插入被测物中深度应大于 50 mm，打开电源开关。

2. 温度测量：按下面板"温度-温差"按钮，显示屏所显示数字是保留小数点后两位数字时，表明仪器处于"温度"测量状态，显示数字稳定后可读出测量温度。

3. 温差测量：按下面板"温度 – 温差"按钮，显示屏所显示数字是保留小数点后三位数字时，表明仪器处于"温差"测量状态，按下"采零"按钮时，显示屏所显示温度值变"零"，即以当下温度 0 作为基准，温度显示数字稳定后可读出测量温差值。

4. 面板"报时开关"按钮供报时用，打开时，每 30 s 指示灯闪一下，并有警示声。

5. 仪器后面板有与电脑连接的串口，当与电脑连接时利用适当的软件可以实现温度或温差的自动记录。

【附录 3】 氧弹量热计的使用

一、氧弹量热计的基本原理

将一定量的试样放在充有过量氧气的氧弹内燃烧，放出的热量被一定量的水吸收，根据水温的升高来计算试样的发热量。

要想按照这一原理准确地测得试样的发热量，必须解决两个问题：一个是要预先知道仪器的热容量，即该仪器的量热系统温度每升高 1 ℃ 需要吸收的热量，这可以通过已知热值的基准物如苯甲酸标定仪器来解决。另一个是量热系统与外界的热交换问题，这可以通过在量热系统周围加一双壁水套，通过控制水套的温度消除或校正量热系统与外界的热交换来解决。解决了这两个问题，就可较准确地测定试样的发热量了。

量热仪的原理就是利用氧弹量热计测定可燃物质的发热量，将一定量的试样置于密封的氧弹中，在充足的氧气条件下，令试样完全燃烧，燃烧所放出的热量传送到水使水的温度升高，从而换算出放出多少的热量。量热仪主要用于测定煤炭、石油等可燃性固体或黏稠液体物质的发热量以及炸药的爆能。

二、氧 弹

氧弹是量热计中不可缺少的配件，它在仪器中储存氧气，并通过两个电极，使点火丝燃烧，引起化验物料燃烧，发生化学变化，测出试样热值。其由耐热、耐腐蚀的镍铬或镍铬钼合金钢制成，需要具备三个主要性能：

（1）不受燃烧过程中出现的高温和腐蚀性产物的影响而产生热效应；

（2）能承受充氧压力和燃烧过程中产生的瞬时高压；

（3）试验过程中能保持完全气密。

弹筒容积为 250～350 mL，弹头上应装有供充氧和排气的阀门以及点火电源的接线电极。

氧弹量热计的构造如图 3.2.7 所示；氧弹的构造如图 3.2.8 所示。

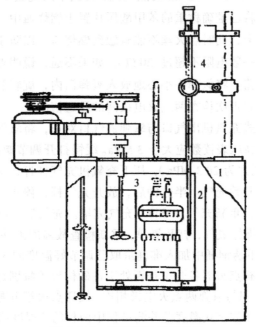

图 3.2.7　氧弹量热计的构造

1—恒温水夹套；2—盛水桶；3—氧弹；4—数字式贝克曼温度计

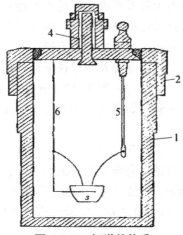

图 3.2.8　氧弹的构造

1—弹体；2—弹盖；3—燃烧池；4—出气管；5—进气管兼电极；6—电极

三、氧弹量热计的使用方法

1. 系统恒容热容的标定。

测定燃烧热时，必须知道仪器的恒容热容。由于每套系统的热容不一定相同，实验时必须事先标定，用基准物标定后再测定试样。其操作步骤如下：

（1）制样：取约 0.8～1.0 g 基准物苯甲酸，置于洁净的压片机中压片，取出并准确称其质量 m_1。将氧弹头悬挂于氧弹支架上，将装有试样压片的燃烧皿放到氧弹的燃烧皿支架上。用万用表判别氧弹两点火电极是否短路，若短路，应查明故障，排除之。

（2）安装点火丝：取一根长约 18 cm 的点火丝，将其中间绕成 4～5 圈螺旋，并使两端分别紧系于两点火电极上；将已准确称重的苯甲酸压片置于燃烧皿中，用镊子小心将点火丝螺旋部分紧压在苯甲酸压片上，同时点火丝不能碰触到燃烧皿，以防止短路。用万用表检查两点火电极间的导通情况（一般电阻不超过 20 Ω），如果不通，说明点火丝系得不紧实，重新系紧，并检查确保没有短路。将氧弹头小心地放入氧弹筒内，旋转氧弹头并平稳地放到充氧器上准备充气，充气前最好再次检查两点火电极间的导通情况。

（3）充氧气：先将立式充氧机出气口与氧弹进气口对正，将氧气钢瓶总阀打开（高压钢瓶的使用见附录 1），表头高压表读数应大于 3 MPa。缓慢打开调节螺杆使低压表读数在 1.0～1.5 MPa（氧弹设计承受压力为 20.3 MPa），压下充氧机充气杠杆，这时立式充氧机出气口与氧弹进气口连接在一起，开始充气。半分钟后，放开充气杆，停止充气，然后用放气帽对氧弹放气以赶跑氧弹内空气，重新充气 1 min，充气完毕。充气后，再用万用表检查两点火电极是否导通，如果不通应排掉氧气，打开氧弹，重新检查故障原因并排除之，重复上述操作。

（4）点火并记录：在不锈钢桶中加入准确量取已调节好温度的 3 000 mL 自来水，将已准备好的氧弹置于桶中，检查点火器各开关是否处于正确位置（特别是点火开关不能处于点火状态），将点火器输出端分别与氧弹两点火电极相连；接通点火箱电源，打开搅拌器，约 3 min 后温度变化较平稳时，按下数字式温度温差测量仪中面板的"温度-温差"按钮，使显示屏所显示数字是保留小数点后三位数字时，即仪器处于"温差"测量状态下，按下"采零"按钮，使温度为零，开始记录数字式温度温差测量仪中温差读数，每分钟记录 1 次，记录 8 min。显示前期曲线比较平坦时，按下点火开关点火，可见点火指示灯亮起，之后因点火丝烧断而熄灭，说明已经点火；如果点火指示灯长亮或不亮，则立刻关闭仪器开关并检查原因，长亮可能是氧弹内有短路，不亮可能是点火线没接牢，不通电。

点火后，稍等应可以看见数字式温度温差测量仪上显示的温度迅速上升，改为每半分钟读 1 次温度读数，等温度值趋于平稳后（一般为 10 min 左右），改为 1 min 记录 1 次温度读数，平稳后记录 8 min 即可停止实验。如点火后未见温度明显上升，说明点火失败，应停止实验，排除故障后，重新实验。

（5）洁净和处理：测试完毕后，打开量热计，取出氧弹。缓缓打开氧弹排气口，待气体排完后，打开氧弹，观察样品是否燃烧完全（如有黑色残渣，则为未完全燃烧，点火丝残渣除外）。如燃烧不完全，须重新测量；如果已完全燃烧，可取剩下的点火丝，准确测出其质量，燃烧掉的点火丝质量 m_0 为燃烧前后质量之差。实验后将氧弹内外和燃烧皿处理干净待用。

2. 试样的测定。

用同样的方法进行试样的测定。

四、氧弹充氧操作过程中应注意的事项

1. 首先应检查氧气压力表是否完好、灵敏，指示的压力是否正确，操作是否安全；其次检查各部件及管道连接是否牢固。

2. 在打开气瓶阀前先要把减压器调节螺杆逆时针方向旋到调节弹簧不受压为止。

3. 打开气瓶阀时不要站在减压器的正面或背面。气瓶阀应缓慢开启至高压表指示出瓶压读数。

4. 顺时针方向旋转减压器调节螺杆，使低压表达到所需的工作压力。如果太高应旋松调节螺杆，放出一部分气后重新调节。

5. 在氧弹充氧时，必须使压力缓慢上升，直至所规定的压力后再维持 0.5 ~ 1 min。

6. 在使用氧气时不得接触油脂。

7. 氧弹充氧应按规定压力进行，充氧压力不得偏低或过高。

8. 停止工作时，应将减压阀中余气放净，然后拧松调节螺杆以免弹性元件长久受压变形。

五、燃烧皿内点不上火或燃烧未完成的原因

1. 点火开关或调节旋钮接触不良；

2. 点火丝与电极脱落；

3. 点火丝与燃烧皿或燃烧皿与另一电极接触造成短路；

4. 点火丝与试样接触不良；

5. 充氧压力偏低；

6. 试样含水量过高，试样颗粒太大；

7. 氧弹热量计的氧弹漏气；

8. 试样压片不符合要求。

【附录 4 】　Origin 处理"燃烧热的测定"实验数据

1. 打开 Origin：

双击"Origin7.0"图标 ，出现"工作表窗口"。

2. 输入实验数据：

在"A[X]"列中输入时间数据，写上列标签：双击"A[X]"，出现对话框，在对话框的下部"Column Label"框内输入"t/min"，点击"OK"。

在"B[Y]"列中输入相应的温度读数，写上列标签：双击"B[Y]"，在"Column Label"框内输入"T/℃"，点击"OK"。

3. 作雷诺温度校正图：

（1）作点线图：单击"B[Y]"列顶部选中 B 列，点击 按钮，得一曲线。

（2）曲线的光滑与加粗：双击曲线，出现对话框，在"Line"选项卡中的"Connect"下拉菜单中，选"B-Spline"使曲线光滑；在"Width"中选"2"使曲线加粗；点击"OK"。

（3）拟合上下两条横线：点击数据范围选取工具 ，曲线两端出现两个 标志，鼠标对着右端要移动的标志，按下鼠标并拖动使该标志移动到开始点火前的数据时，松开鼠标，点击工具栏中的 ，即选定了开始记录至开始点火前的一段数据。再点击菜单栏中"Tools（工具）"→"Linear Fit（线性拟合）"，出现对话框，点击"Settings"，在"Range（范围）"中输入"200"（若直线不够长，可输入更大的数值），再点击"Operation"→"Fit"，就可得到一条拟合直线，关闭对话框，再点击菜单栏中"Data（数据）"→"Reset to Full Range（数据标记）"，去掉钩标记。对燃烧后温度达高点处以后的时间段的拟合直线，使用同样操作。

（4）作环境温度水平横线：点击工具栏中图标 ╱ ，在纵坐标为环境温度（即夹套水温）处画一条水平横线，为确定该横线的位置，双击该线出现对话框，点击"Coordinates"，在"Units"下拉菜单中选"Scale"，然后在两处"Y"中输入环境温度，点"确定"，水平横线就能准确地移至对应于环境温度的位置。

（5）作一条垂直线：点击工具栏中图标 ╱ ，画一条垂直线，鼠标对准垂直线单击按住并拖动，使直线置于环境温度水平横线与曲线的交点处。

（6）读取校正后的温度值：垂直线与两条拟合横线的两个交点，即是温差值的高点和低点。点击屏幕数据读取工具 ╋ ，移至交点处对准交点点击，"数据显示坐标工具"上即显示出该点的坐标值，记下 Y 值，点击文字工具 Ｔ ，在交点附近点击，输入 Y 值，即可把该点的 Y 值写入图中。同样操作，读取另一个 Y 值并写入图中。

（7）坐标轴的标注：双击坐标轴下的"X Axis"或"Y Axis"，写入相应的变量及单位，数字及英文字母选择"Times New Roman"字体，汉字及希腊字母选择"宋体"字体，变量用"斜体"表示，改大坐标轴字体等，完善图形（见图3.2.9）。

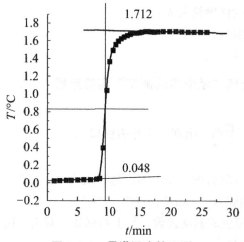

图 3.2.9　　雷诺温度校正图

4. 复制图形和数据：

（1）复制图形到 Word 文档中：在图形窗口下，点击"Edit（编辑）"→"Copy（复制页面）"，另打开 Word 文档，点击"粘贴"，图形即可复制到 Word 文档中。

（2）复制数据表格到 Word 文档中：在工作表数据窗口中，使数据全部显示于界面上，按下键盘中的"Prtsc SysRq（复制屏幕）"按钮，回到 Word 文档中点"粘贴"，数据表格即以"影印"的形式复制到 Word 文档中，再通过"图片工具栏"中的"裁剪"工具进行按需裁剪。

把图形和数据表格排版好，写上必要条件、信息等，即可打印。

实验 3　凝固点降低法测定物质的摩尔质量

一、实验目的

1. 掌握一种常用的摩尔质量测定方法。
2. 通过实验掌握溶液凝固点的测量技术，加深对稀溶液依数性质的理解。

二、实验原理

物质的摩尔质量是了解物质的一个最基本且重要的物理化学数据,其测定方法有许多种。凝固点降低法测定物质的摩尔质量是一个简单又比较准确的方法，在溶液理论研究和实际应用方面都具有重要意义。

1. 凝固点降低法测定物质的摩尔质量的原理。

含非挥发性溶质的二组分稀溶液的凝固点低于纯溶剂的凝固点，这是稀溶液的依数性之一。当指定了溶剂的种类和数量后，凝固点降低值取决于所含溶质分子的数目，即溶剂的凝固点降低值与溶液的浓度成正比。以方程式表示这一规律则有：

$$\Delta T_f = T_f^* - T_f = K_f b_B \tag{3.3.1}$$

式中，T_f^* 为溶剂的凝固点；T_f 为溶液的凝固点；K_f 为溶剂的质量摩尔凝固点降低常数，简称凝固点降低常数，其数值仅与溶剂的性质有关；b_B 为溶液中溶质 B 的质量摩尔浓度。因为 b_B 可表示为

$$b_B = \frac{m_B / M_B}{m_A} \tag{3.3.2}$$

故（3.3.1）式可改写为

$$M_B = K_f \frac{m_B}{\Delta T_f \cdot m_A} \tag{3.3.3}$$

式中，M_B 为溶质 B 的摩尔质量；m_B 和 m_A 分别为溶质和溶剂的质量（单位：kg）。如已知溶剂的 K_f 值，则可通过实验测定此溶液的凝固点降低值 ΔT_f，利用式（3.3.3）即可计算溶质的摩尔质量。

2. 凝固点测量原理。

所谓凝固点是指在一定条件下，固液两相平衡共存的温度。理论上，只要两相平衡就可达到这个温度，但实际上，只有固相充分分散到溶液中，也就是固液两相的接触面相当大时，平衡才能达到。

通常测定凝固点的方法有步冷曲线法和平衡法。步冷曲线法的基本原理是将纯溶剂或溶液缓慢匀速冷却，记录体系温度随时间的变化，绘出步冷曲线（温度-时间曲线），用外推法求得纯溶剂或稀溶液中溶剂的凝固点。平衡法是将纯溶剂或溶液缓慢冷却，当有固体析出时，

固-液两相平衡共存时的温度即为凝固点。

对纯溶剂，其凝固点是液相和固相共存的平衡温度；对溶液，其凝固点是溶液的液相和溶剂的固相共存的平衡温度。从相律看，纯溶剂与溶液的步冷曲线形状不同：对纯溶剂，固-液两相共存时，自由度 $f = 1 - 2 + 1 = 0$，步冷曲线出现水平线段，其形状如图 3.3.1（Ⅰ）所示。但实际过程中往往发生过冷现象，即冷却到凝固点时，往往并不析出晶体，这是因为新相形成需要一定的能量，故结晶不易析出，这就是所谓过冷现象。然而若加速搅拌或加入晶种促使溶剂结晶，由于溶剂结晶放出的凝固热会使体系温度回升到平衡温度，如图 3.3.1（Ⅱ）所示。对溶液，固-液两相共存时，自由度 $f = 2 - 2 + 1 = 1$，温度仍可下降，但由于溶剂结晶放出的凝固热可部分抵消环境吸热，冷却速度变缓慢，在步冷曲线上出现一个拐点，而不会出现水平线段，其形状如图 3.3.1（Ⅲ）所示，拐点的温度即为该平衡浓度稀溶液的凝固点。实际过程中由于过冷现象的存在，溶剂过冷结晶后放出的凝固热使体系温度回升，至最高点后又开始下降，其步冷曲线形状如图 3.3.1（Ⅳ）所示。如果过冷严重，则凝固热抵偿不了散热，此时温度不能回升到凝固点，如图 3.3.1（Ⅴ）所示，使所测稀溶液的凝固点偏低，影响摩尔质量的测定结果。此时应按图 3.3.1（Ⅵ）所示方法加以校正。

因此在实验中要控制适当的过冷程度，一般可通过控制寒剂的温度、搅拌的速度来控制。

本实验通过测定纯溶剂和稀溶液的凝固点，从而得到两者的凝固点之差 ΔT_f，进而计算待测溶质的摩尔质量。

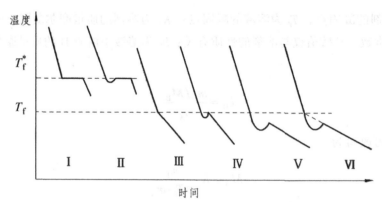

图 3.3.1　步冷曲线

三、仪器及试剂

仪器：

凝固点测定仪 1 台；移液管（25 mL）1 支；精密温差测量仪 1 台；电子分析天平 1 台；压片机 1 台。

试剂：

环己烷（A.R）；萘（A.R）；冰。

实验测定装置示意图如图 3.3.2 所示。

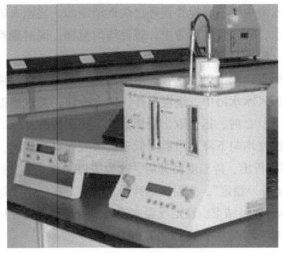

图 3.3.2　实验测定装置图

从左到右排列为：精密温差测量仪；凝固点测定仪。

凝固点测定仪装置示意图如图 3.3.3 所示。

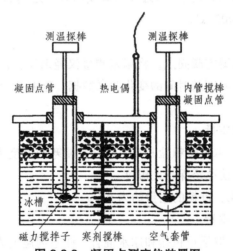

图 3.3.3　凝固点测定仪装置图

1—测温探棒；2—内管搅拌；3—凝固点管；4—空气套管；5—冰浴搅棒；6—冰浴槽；7—温度计

四、实验步骤

1. 调节冰浴温度。

取适量冰和水混合，使冰浴温度达到 2～3 ℃，放入凝固点测定仪中，在实验过程中不断搅拌，并补充碎冰，使冰浴保持此温度。

2. 纯溶剂凝固点的测定。

首先测定溶剂的近似凝固点：用移液管向清洁、干燥的凝固点管内加入 25 mL 环己烷，插入洁净的搅拌环和测温探棒，调节温差测量仪的温度读数为"温度"模式，记录环己烷的温度；再调节温差测量仪的温度读数为"温差"模式，采零，锁定，数字显示为"0"左右。

把凝固点管直接浸在冰水浴中，不断搅拌使环己烷逐渐冷却。当刚有固体析出时，迅速取出凝固点管，擦干管外冰水，插入空气套管中，缓慢均匀搅拌，同时观察温差测量仪读数，当温度稳定后，记下读数，即为环己烷的近似凝固点。

测定溶剂的精确凝固点：取出凝固点管，用手温热，同时搅拌，使管中环己烷固体全部熔化，再次将凝固点管插入冰水浴中，缓慢搅拌，使之冷却，并观察温差测量仪读数，当温度降至高于近似凝固点 0.5 ℃ 时，迅速取出凝固点管，擦干管外冰水，插入空气套管中，每秒搅拌一次，使环己烷温度均匀下降，当温度低于近似凝固点温度时，应急速搅拌（防止过冷超过 0.5 ℃），促使固体析出，待温度回升后，改为缓慢搅拌。通常因存在过冷现象，温度的变化规律为"下降→上升→稳定"。当温度达到稳定段后，在稳定段每 10 s 读取并记录温度一次，读取 5 ~ 7 个数据后即可结束。稳定段温度读数即为环己烷的凝固点，重复测量 3 次，要求环己烷凝固点的绝对平均误差小于 ± 0.003 ℃。

3. 溶液凝固点的测定。

取出凝固点管，使管中环己烷固体熔化，在其中加入 0.2 ~ 0.3 g 的片状萘（如果萘为粉状，应压成片状后再加入），使其溶解后，按步骤"2"中方法测定溶液的凝固点。先测近似凝固点，再精确测之。溶液的凝固点是取过冷后温度回升所达到的最高温度，重复测量 3 次，要求绝对平均误差小于 ± 0.003 ℃。

4. 选做参考。

（1）若采用步冷曲线法测定凝固点，将温差测量仪经采零、锁定后，再将定时时间间隔设为 10 s，冷却过程中记录温度随时间的变化关系数据，绘制步冷曲线，从步冷曲线上确定纯溶剂或溶液的凝固点。

（2）若测定蔗糖的摩尔质量：

① 寒剂的温度调节为：取适量粗盐和冰水混合，使寒剂温度为 –2 ~ –3 ℃，在实验过程中不断搅拌，并补充碎冰，使冰浴保持此温度。

② 纯水的用量为 50 mL，蔗糖的用量约为 0.5 g。

（3）若测定尿素的摩尔质量：

① 寒剂的温度调节为：取适量粗盐和冰水混合，使寒剂温度为 –2 ~ –3 ℃，在实验过程中不断搅拌，并补充碎冰，使冰浴保持此温度。

② 纯水的用量为 50 mL，尿素的用量约为 0.4 g。

五、实验注意事项

1. 实验所用的凝固点管必须洁净、干燥。

2. 温差测量仪经采零、锁定后，其电源就不能关闭。

3. 搅拌速度的控制是做好本实验的关键，每次测定应按要求的速度搅拌，并且测纯溶剂与溶液凝固点时搅拌条件要完全一致。

4. 冰浴温度以不低于溶液凝固点 3 ℃ 为宜，而且应保持恒温。

5. 测定凝固点温度时注意防止过冷温度超过 0.5 ℃，可以采用加入少量溶剂的微小晶体为晶种的方法以促进晶体形成，而每次加入晶种大小应尽量一致。

6. 测量过程中，析出的固体越少越好，以减少溶液浓度的变化，才能准确测定溶液的凝固点。

7. 结晶必须完全熔化后才能进行下一次的测量。

8. 保证溶剂和溶质的纯度，因为溶剂和溶质的纯度都会直接影响实验的结果。

六、数据处理

1. 将实验数据填入表 3.3.1：

表 3.3.1　凝固点降低法测定摩尔质量的数据表

物质的质量 m/g	凝固点测量值 T_f/K	凝固点平均值 T_f/K	凝固点降低值 ΔT_f
环己烷	1. 2. 3.	$T_f^* =$	$\Delta T_f =$
萘	1. 2. 3.	$T_f =$	

2. 用公式 $\rho\,(kg/m^3) = 0.7971 \times 10^3 - 0.8879\,t$ 计算室温时环己烷的密度，然后算出所取环己烷的质量 m_A。

3. 计算萘的摩尔质量，并将计算结果与萘摩尔质量的标准值比较，计算相对误差。

七、思考题

1. 什么叫凝固点？凝固点降低法测摩尔质量的公式在什么条件下才适用？它能否用于电解质溶液？

2. 为什么会产生过冷现象？如何控制过冷程度？

3. 根据什么原则考虑加入溶质的量？太多太少影响如何？

4. 为什么要使用空气套管？

5. 影响凝固点精确测量的因素有哪些？为什么在高温、高湿条件不宜做此实验？

6. 为什么测定纯溶剂的凝固点时，过冷程度大些对测定结果影响不大，而测定溶液的凝固点时却必须尽量减少过冷现象？如果此时过冷严重，将会怎样影响摩尔质量的测定结果？

实验 4 双液系的气-液平衡相图

一、实验目的

1. 用回流冷凝法测绘标准压力下环己烷-乙醇双液系的气-液平衡相图,并找出恒沸混合物的组成及恒沸点的温度。

2. 掌握用折光率确定二元液体组成的方法。

3. 了解阿贝折光仪的测量原理,并掌握其使用方法。

二、实验原理

任意两个在常温时为液态的物质混合起来组成的体系称为双液系。两种溶液若能按任意比例互相溶解,称为完全互溶双液系;若只能在一定比例范围内溶解,称为部分互溶双液系。环己烷-乙醇二元体系即为完全互溶双液系。

液体的沸点是指液体的蒸气压与外界压力相等时的温度。纯液体的沸点在定压下有确定值,但双液系的沸点不仅与压力有关,而且还与两种液体的相对含量有关。双液系蒸馏时的气相组成和液相组成不同。通常用几何作图的方法将在一定外压下双液系的沸点对其气相和液相组成作图,所得图形称为双液系气-液平衡相图(即 T-x 图)。它表明了在沸点时液相组成和与之平衡的气相组成之间的关系。

完全互溶双液系的 T-x 图可分为三类:

(1)液体与拉乌尔定律的偏差不大,在 T-x 图上混合液沸点介于 A、B 两纯组分沸点之间,如图 3.4.1(a)所示,如苯-甲苯体系。这类双液系可用分馏法从溶液中分离出两个纯组分。

(2)实际溶液由于 A、B 两组分相互影响,常与拉乌尔定律有较大负偏差,在 T-x 图上出现最高点,如图 3.4.1(b)所示,如盐酸-水体系、丙酮-氯仿体系等。

(3)A、B 两组分混合后与拉乌尔定律有较大正偏差,在 T-x 图上出现最低点,如图 3.4.1(c)所示,如水-乙醇体系、苯-乙醇体系等。

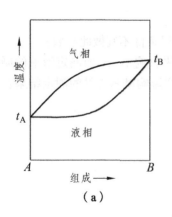
(a)

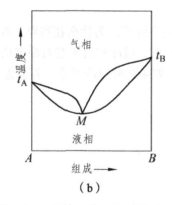
(b)

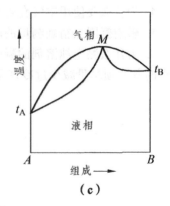
(c)

图 3.4.1 完全互溶双液系的 T-x 图

后两类溶液在最高点或最低点时气-液两相组成相同,这些点称为恒沸点,其相应的溶液称为恒沸混合物。由于恒沸混合物在整个蒸馏过程中的沸点恒定不变,所以靠蒸馏无法改变其组成。对这两类双液系不能用分馏法从溶液中分离出两个纯组分。

本实验用回流冷凝法测绘具有最低恒沸点的环己烷-乙醇体系的 *T-x* 相图,并从相图中确定恒沸点的温度和恒沸混合物的组成。要求测定溶液沸腾并达气液两相平衡时溶液的沸点和气液两相的组成,由溶液沸点及平衡气液两相的组成描出 *T-x* 图上的两个点。测定一系列不同组成的混合溶液的沸点及平衡气液两相的组成,得到 *T-x* 图上众多的实验点,把表示气相组成和液相组成的点分别用线合理连接,就可绘出相图(见图 3.4.2)。表示气相组成的线称为气相线,表示液相组成的线称为液相线。

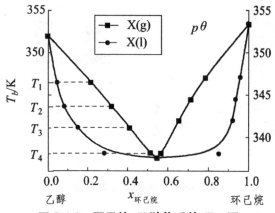

图 3.4.2 环己烷-乙醇体系的 *T-x* 图

溶液的沸点采用沸点仪测定。沸点的测定颇不容易,原因在于溶液沸腾时常易发生过热现象,而在气相中又易出现分馏效应。实际所用沸点仪的种类很多,但基本设计思想均集中于如何正确测定沸点、便于取样分析、防止过热现象及分馏效应等方面。本实验采用图 3.4.3 所示的沸点仪,它是一只带有回流冷凝管(4)的长颈圆底烧瓶,图中(3)是一根电热丝,直接浸在溶液中加热溶液,这样可以减少溶液沸腾时的过热现象,同时还可防止暴沸;冷凝管底部有一半球形小室(5),用以收集冷凝下来的气相样品,液相样品则通过烧瓶上的支管(2)吸取。

溶液的组成采用折光率法间接测定。由于环己烷与乙醇的折光率相差较大,且折光率的测定所需样品量较少,用以测定气相和液相样品的组成较合适,所以通过折光率-组成工作曲线来测得平衡体系的两相组成。阿贝(Abbe)折光仪的原理及使用详见本书物理化学实验规范。

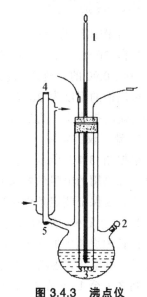

图 3.4.3 沸点仪

1—感温探头;2—加液口;3—电热丝;
4—冷凝管;5—气相冷凝液

三、仪器及试剂

仪器:

沸点测定仪 1 个;阿贝折光仪 1 台;直流稳压电源 1 台;恒温槽 1 台;吸液管 20 支。

试剂:

环己烷(分析纯);无水乙醇(分析纯)。

实验测定装置示意图如图 3.4.4 所示。

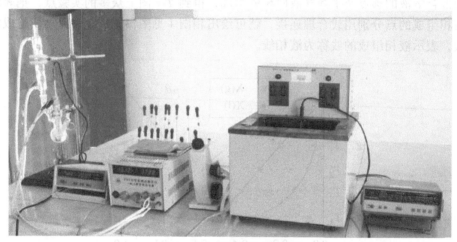

图 3.4.4 实验测定装置图

从左到右排列为:沸点仪;沸点测定仪;直流稳压电源;阿贝折光仪;恒温水浴槽;恒温控制仪。

四、实验步骤

1. 工作曲线的绘制。

根据 30 ℃ 下乙醇和环己烷的密度,精确配制环己烷的摩尔分数为 0.10、0.20、0.30、0.40、…、0.90 的双液系,配好后立即盖紧(本实验中这些标准溶液已经配好,可直接测定)。调节恒温槽的温度为 30 ℃,使阿贝折光仪的温度恒定后,分别测定上述 9 个溶液以及乙醇和环己烷的折光率。为适应季节的变化,可选择其他温度进行测定。

2. 沸点仪的安装。

根据图 3.4.3 所示,将已洗净、干燥的沸点仪安装好,检查带有感温探头的橡皮塞是否塞紧。加热用的电阻丝要靠近底部中心,感温探头的下端不能与电阻丝接触,而且每次更换溶液后,要保证测定条件尽量平行(包括感温探头的下端和电阻丝的相对位置)。

3. 测定无水乙醇的沸点。

在长颈烧瓶中加入约 40 mL 的无水乙醇,使电阻丝完全浸没于溶液中,打开冷却水,接通电源。由零开始逐渐加大电压至 15 V 左右,使溶液缓慢加热,液体充分沸腾后,再调节电压控制之(至 13 V 左右),使液体沸腾时能在冷凝管中凝聚。蒸汽在冷凝管中回流高度不宜太高,以 1.5 cm 左右为好。待温度读数稳定后应再维持 3~5 min 以使体系达平衡。在此过程中,不时将小球中凝聚的液体倾入烧瓶,记下温度读数(即为无水乙醇的沸点),并记录室内大气压力 p。

4. 取样并测定。

切断电源，停止加热，用盛有冰水的 250 mL 烧杯套在沸点测定仪底部使体系冷却。把固定冷凝管的夹子松开，小心旋开磨砂连接口，提升冷凝管并固定好，马上用干燥滴管吸取小球中的全部冷凝液，迅速测其折光率。再用另一支滴管由支管吸取烧瓶内的溶液约 1 mL（上述两者即可认为是体系平衡时气、液两相的样品）迅速测其折光率。迅速测定是防止由于蒸发而改变成分。每个样品测定完毕，应将溶液倒回原瓶。

5. 系列环己烷-乙醇溶液以及环己烷的测定。

按上述所述步骤，逐一测定环己烷的质量百分浓度为 0.15，0.3，0.4，0.5，0.55，0.6，0.7，0.85 等组成的环己烷-乙醇溶液的沸点及气液两相样品的折光率。如操作正确，测定后溶液回收到原瓶，更换溶液时沸点仪也不必干燥。

但测定环己烷前，必须将沸点仪洗净并充分干燥。

五、实验注意事项

1. 在测定纯液体样品时，沸点仪必须是洁净干燥的。

2. 电阻丝不能露出液面，一定要被待测液体浸没，否则通电加热会引起有机液体燃烧。通过电流不能太大，只要能使待测液体沸腾即可，过大会引起待测液体（有机化合物）的燃烧或烧断电阻丝。

3. 一定要使体系达到气液平衡，即温度读数恒定不变。

4. 一定要在停止通电加热之后，方可取样进行分析。

5. 沸点仪中蒸气的分馏作用会影响气相的平衡组成，使得气相样品的组成与气液平衡时气相的组成产生偏差，因此要减少气相的分馏作用。本实验所用的沸点仪是将平衡的蒸气冷凝在小球（5）内（见图 3.4.3），在容器中的溶液不会溅入小球的前提下，尽量缩短小球与原溶液的距离，以达到减少气相的分馏作用。

6. 使用阿贝折光仪时，棱镜上不能触及硬物（如滴管），每次加样前，必须先将折光仪的棱镜面洗净，可用数滴挥发性溶剂（如丙酮）淋洗，再用擦镜纸轻轻擦净镜面。在使用完毕后，也必须将阿贝折光仪的镜面处理干净。

7. 阿贝折光仪的使用。

（1）用丙酮及擦镜纸将镜面轻轻擦净，取样管（滴管）垂直向下将样品滴加在镜面上，注意不要有气泡，然后将上棱镜合上，关上旋钮。

（2）打开遮光板，合上反射镜。

（3）轻轻旋转目镜，使视野最清晰。

（4）旋转刻度调节旋钮（右下旋钮），使目镜中出现明暗面（中间有色散面）。

（5）旋转色散调节旋钮（右上旋钮），使目镜中色散分界线清晰，出现半明半暗面。

（6）再旋转刻度调节旋钮（右下旋钮），使分界线处在交叉线的相交点（即分界线居中）。

（7）在下标尺上读取样品的折光率。

六、数据处理

1. 将实验数据列表 3.4.1、表 3.4.2：

表 3.4.1 环己烷-乙醇标准溶液的折光率

室温：　　　　大气压：

环己烷的摩尔分数	0	0.1	0.2	0.3	0.4	0.5	0.6	0.7	0.8	0.9	1.0
折光率											

表 3.4.2 不同组成的环己烷-乙醇溶液的沸点及折光率

溶液的大约组成	沸点/℃	气相折光率				液相折光率			
		1	2	3	平均	1	2	3	平均

2. 用 Origin 软件绘制工作曲线，即环己烷-乙醇标准溶液的折光率与组成的关系曲线。根据工作曲线确定各测定溶液的气相和液相的平衡组成。

3. 用 Origin 软件绘制环己烷-乙醇双液系的气-液平衡相图（方法附后），并由图中确定最低恒沸点的温度和恒沸混合物的组成。

4. 沸点温度校正。

溶液的沸点与大气压有关，在标准压力下测得的沸点称为正常沸点（T_b）。通常外界压力并不恰好等于 101.325 kPa，因此应对实验测定值作压力校正。应用特鲁顿（Trouton）规则及克劳修斯-克拉贝龙（Clausius-Clapeyron）公式可推导出溶液沸点随大气压变化的近似式：

$$\Delta T = \frac{(t_A + 273.15)}{10} \times \frac{(p^\theta - p)}{p^\theta} = T_A \times \frac{(101.325 - p)}{101.325} \qquad (3.4.1)$$

式中，ΔT 是沸点因大气压变动而变动的校正值；T_A 是溶液的沸点（绝对温度）；p 是测定沸点时室内的大气压力（kPa）。

由此可求得标准压力下溶液的正常沸点为

$$T_b = T_A + \Delta T \tag{3.4.2}$$

5. 阿贝折光仪的校正。

用纯乙醇校正阿贝折光仪，求出校正值。

$$n_D^{25\,^\circ C} = n_D^{室温} - \Delta N$$

$$\Delta N = n_{乙醇}^{室温} - n_{乙醇}^{25\,^\circ C} = n_{乙醇}^{室温} - 1.3598$$

$$n_{样品}^{25\,^\circ C} = n_{样品}^{室温} - \Delta N$$

6. 文献值：

（1）环己烷-乙醇体系的折光率-组成关系，如表 3.4.3 所示。

表 3.4.3　25 ℃ 时环己烷–乙醇体系的折光率–组成关系

$x_{乙醇}$	$x_{环己烷}$	$n_D^{25\,^\circ C}$
1.00	0.0	1.35935
0.8992	0.1008	1.36867
0.7948	0.2052	1.37766
0.7089	0.2911	1.38412
0.5941	0.4059	1.39216
0.4983	0.5017	1.39836
0.4016	0.5984	1.40342
0.2987	0.7013	1.40890
0.2050	0.7950	1.41356
0.1030	0.8970	1.41855
0.00	1.00	1.42338

（2）标准压力下的恒沸点数据如表 3.4.4 所示。

表 3.4.4　标准压力下环己烷–乙醇体系相图的恒沸点数据

沸点/℃	乙醇质量分数/%	$x_{环己烷}$
64.9	40.0	1.000
64.8	29.2	0.570
64.8	31.4	0.545
64.9	30.5	0.555

七、思考题

1. 待测溶液的浓度是否需要精确计量？为什么？

2. 本实验不测纯环己烷、纯乙醇的沸点，而直接用 p^0 下的数据，这样会带来什么误差？

3. 沸点仪中的小球（5）体积过大或过小，对测量有何影响？

4. 若在测定时，存在过热或分馏作用，将使测得的相图图形产生什么变化？

5. 按所得相图，讨论环己烷-乙醇溶液蒸馏时的分离情况。

6. 如何判定气-液相已达平衡？

【附录1】　阿贝折光仪的使用

折光仪，又称折射仪，是利用光线测试液体浓度的仪器，用来测定折射率、双折率等。折射率是物质的重要物理常数之一。折射仪主要由高折射率棱镜（铅玻璃或立方氧化锆）、棱镜反射镜、透镜、标尺（内标尺或外标尺）和目镜等组成，如图3.4.5所示。

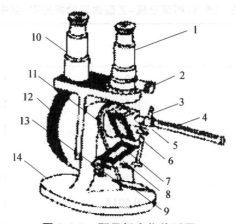

图3.4.5　阿贝折光仪外形图

1—测量望远镜；2—消色散手柄；3—恒温水出口；4—温度计；5—测量棱镜；6—铰链；
7—辅助棱镜；8—加热槽；9—反射镜；10—读数望远镜；11—转轴；
12—刻度盘罩；13—锁钮；14—底座

许多纯物质都具有一定的折射率。如果物质含有杂质，折射率将发生变化，出现偏差，杂质越多，偏差越大。提供测定折光率的样品，应以分析样品的标准来要求，被测液体的沸点范围要窄。阿贝折光仪的具体操作如下所述。

1. 仪器的安装。

将折光仪置于靠窗的桌子或白炽灯前，但勿使仪器置于直照的日光中，以避免液体试样迅速蒸发。将折光仪与恒温水浴连接，调节所需要的温度，同时检查保温套的温度计是否精确。一切就绪后打开直角棱镜，用丝绸或擦镜纸沾少量乙醇、乙醚或丙酮轻轻擦洗上、下镜面，促使难挥发的玷污物逸走，不可来回擦，只可单向擦，待晾干后方可使用。阿贝折光仪的量程为 1.3000～1.7000，精密度为 ±0.0001，温度应控制在 ±0.1 ℃ 的范围内。

2. 加样。

恒温达到所需要的温度后，松开锁钮，开启辅助棱镜，使其磨砂的斜面处于水平位置，将待测样品的液体2～3滴均匀地置于磨砂面棱镜上，滴加液体过少或分布不均匀，就看不清楚。滴加样品时应注意切勿使滴管尖端直接接触镜面，以防造成刻痕。关紧棱镜，调好反光镜使光线射入。对于易挥发液体，可在两棱镜接近闭合时从加液小槽中加入，然后闭合两棱镜，锁紧锁钮。

3. 对光。

转动手柄，使刻度盘标尺上的示值为最小，于是调节反射镜，使入射光进入棱镜组，同时从测量望远镜中观察，使视场最亮。调节目镜，使视场准丝最清晰。

4. 粗调。

转动手柄，使刻度盘标尺上的示值逐渐增大，直至观察到视场中出现彩色光带或黑白临界线为止。

5. 消色散。

转动消色散手柄，使视场内呈现一个清晰的明暗临界线。

6. 精调。

先轻轻转动左面刻度盘，观察明暗分界线是否最清晰，若还有彩色带，则轻轻调节消色散镜，使明暗界线最清晰。再转动左面刻度盘，使分界线对准交叉线中心，记录读数与温度，重复 1~2 次。调节过程在目镜看到的图像颜色变化如图 3.4.6 所示。

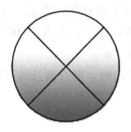 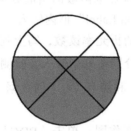 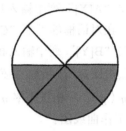

未调节右边旋扭前
在右边目镜看到的图像
此时颜色是散的

调节右边旋扭直到出现
有明显的分界线为止

调节左边旋扭使分界线
经过交叉点为止并在左
边目镜中读数

图 3.4.6　目镜看到的图像颜色变化

7. 读数。

为保护刻度盘的清洁，现在的折光仪一般都将刻度盘装在罩内，从读数望远镜中读出标尺上相应的示值。由于眼睛在判断临界线是否处于准丝点交点上时，容易疲劳，为减少偶然误差，应转动手柄，重复测定三次，三个读数相差不能大于 0.0002，然后取其平均值。试样的成分对折光率的影响是极其灵敏的，由于玷污或试样中易挥发组分的蒸发，致使试样组分发生微小的改变，会导致读数不准，因此测一个试样须应重复取三次样，测定这三个样品的数据，再取其平均值。

8. 测量不同温度下的折射率。

若需测量在不同温度时的折射率，把恒温器的温度调节到所需测量温度，接通循环水，待温度稳定 10 min 后即可测量。如果温度不是标准温度，可根据下列公式计算标准温度下的折光率：

$$n_D^{20} = n_D^t - \alpha(t-20)$$

式中，t 为测定时的温度；α 为校正系数；D 为钠光灯，其线波长 589.3 nm。

9. 测试完毕。

测完后，应立即按以上方法擦洗上、下镜面，晾干后再关闭。

10. 仪器校正。

折光仪的刻度盘上标尺的零点有时会发生移动，须加以校正。校正的方法是用一种已知折光率的标准液体，一般是用纯水，按上述方法进行测定，将平均值与标准值比较，其差值即为校正值。在 15 ℃ 到 30 ℃ 之间的温度系数为 – 0.0001/℃。在精密的测定工作中，须在所测范围内用几种不同折光率的标准液体进行校正，并画成校正曲线，以供测试时对照校核。

在测定样品之前，对折光仪应进行校正。通常先测纯水的折光率，将重复两次所得纯水的平均折光率与其标准值比较。校正值一般很小，若数值太大，整个仪器应重新校正。

【附录 2 】　Origin 处理"双液系的气–液平衡相图"实验数据

1. 打开 Origin：

双击"Origin7.0"图标，出现"工作表窗口"。

2. 输入实验数据：

（1）在"A[X]"列中输入环己烷标准溶液的组成数据，写上列标签：双击"A[X]"，出现对话框，在对话框的下部"Column Label"框内输入"x（环己烷）"，点击"OK"。

（2）在"B[Y]"列中输入相应的折光率读数，写上列标签"n"。

（3）点击图标添加 3 列，分别在列中输入实验测得纯乙醇、混合液及纯环己烷的气相折光率 n（g）、液相折光率 n（l）和沸点（t_A）的数据。

3. 作工作曲线图：

（1）以环己烷组成与相应折光率作图：单击"B[Y]"列顶部选中，点击图标得到描点图。使用"拟合工具"进行二阶多项式拟合：点击"工具（Tools）"→"Fit Polynomial（多项式拟合）"，出现对话框，在"Order"中输入"2"，点击"Fit"，即得二阶多项式拟合线，并且 Find X 和 Find Y 被激活。

（2）曲线光滑与加粗：双击曲线，出现对话框，在"Line"选项卡中的"Connect"下拉菜单中，选"B-Spline"使曲线光滑；在"Width"中选"2"使曲线加粗，点击"OK"。

（3）坐标轴的标注：双击坐标轴下的"X Axis"或"Y Axis"，写入相应的变量及单位，数字及英文字母选择"Times New Roman"字体，汉字及希腊字母选择"宋体"字体，变量用"斜体"表示，改大坐标轴字体等，完善图形。

（4）复制工作曲线图到 Word 文档中：在图形窗口下，点击"Edit（编辑）"→"Copy（复制页面）"，另打开 Word 文档，点击"粘贴"，工作曲线图即可复制到 Word 文档中。

4. 作温度组成相图：

（1）在工作表中插入两列：分别在 n(g)列和 n(l)列后各插入一列，方法是：在工作表窗口中，在 n(g)列之后的列的顶部点击选中，点击鼠标右键，出现下拉菜单，选择"Insert（插入）"点击，即可在 n(g)列之后插入新的一列。同样操作，在 n(l)列之后插入新的一列。分别写入列标签"$x(g)$"和"$x(l)$"。

（2）把折光率数据换算成环己烷的组成：（即计算出"$x(g)$"和"$x(l)$"两列的数据）

将 $n(g)$ 列第一单元格的折光率数据输入拟合对话框"Find Y"中，单击"Find X"按钮，则 X 值就是对应的环己烷组成，将此 X 值输入"$x(g)$"列第一单元格中（见图 3.4.7）。依此类推，即可通过工作曲线把气、液两相的折光率数据换算成环己烷的组成。

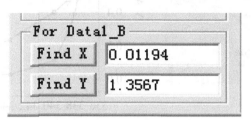

图 3.4.7　查询拟合公式 X 值对应的 Y 值

（3）校正及计算正常沸点：点击图标 ＋▌，在（t_A）列（如 E[Y]）的后面添加一列，写上列标签"T_b"，点击该列顶部选中，再点击菜单命令"柱形图"，在下拉菜单中选择" ▐ 列值设定（V）"，在弹出的图 2 的对话框中"Col(H) ="处输入计算式：

$$T_b = T_A + \Delta T = (t_A + 273.15) + (t_A + 273.15) \times \frac{(101.325 - p)}{101.325}$$

点击"OK"，计算得到的正常沸点 T_b 值即可列于 H 列中，如图 3.4.8 所示。

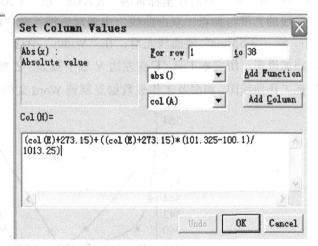

图 3.4.8　正常沸点的计算

（4）作相图：

① 作点线图：作图时，先把自变量与因变量对调。点击图标 ／ ，出现对话框，以正常沸点为横坐标（如 H 列）：在对话框中点击"H[Y]"选中，再点击" < – >X"；以"$x(g)$"为纵坐标（如 F 列）：选中"F[Y]"，再点击" < – >Y"，然后点击"Add"。再以"$x(l)$"为纵坐标（如 G 列），选中"G[Y]"，点击" < – >Y"，横坐标不变，然后点击"Add"。最后点击"OK"，即可同时画出两条曲线，如图 3.4.9 所示。

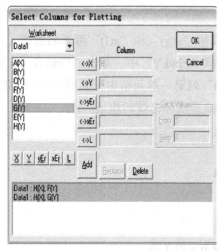
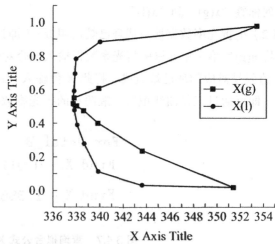

图 3.4.9   坐标轴的设置及图形

② X 轴和 Y 轴对调：点击菜单中"图表（Graph）"→"交换 X – Y 轴（Exchange X – Y Axis）"，可实现图形的 X 轴和 Y 轴对调。

③ 在右边添加一个 Y 轴：点击菜单"编辑（Edit）"→"新建图层（New Layer Axis）"→"连接：右边 Y（Linked：Right Y）"，即可在右边添加 Y 轴。

④ 坐标轴及其标度的设置：双击右边添加的 Y 轴，在弹出的对话框中将坐标标度修改成与左边 Y 轴的相同，如改成"From 336"→"to 355"；双击 X 轴，在弹出的对话框中改成"From 0"→"to 1.0"。然后在坐标轴的"X Axis"或"Y Axis"中写入相应的变量及单位。

⑤ 曲线的光滑与加粗：双击曲线，出现对话框，在"Line"选项卡中的"Connect"下拉菜单中，选"B-Spline"使曲线光滑；在"Width"中选"2"使曲线加粗，点击"OK"。

⑥ 添加说明：用文本工具 **T** 在左边 Y 轴下写上"乙醇"，右边 Y 轴下写上"环己烷"。

⑦ 把工作曲线图、相图及工作表数据复制到 Word 文档中（图 3.4.10），排版好即可打印。

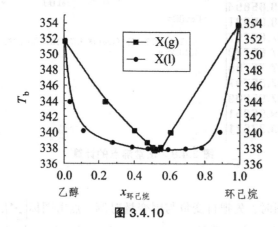

图 3.4.10

实验 5　二组分金属相图的绘制

一、实验目的

1. 了解热分析法测量技术。
2. 掌握热分析法测绘金属相图的基本原理和方法，了解如何确定低共熔点及相应组成。
3. 学会用 Origin 软件绘制 Pb-Sn 二组分金属相图。

二、实验原理

相图就是通过几何图形来描述多相平衡体系中有哪些相，各相的成分如何，不同相的相对量是多少，以及它们随浓度、温度、压力等变量变化的关系图。二组分相图已得到广泛的应用，固-液相图多用于冶金、化工等领域，具有重要的生产实践意义。

在相图中，表示体系总组成的点称为"物系点"，表示某一相组成的点称为"相点"。显然，在单相区物系点与相点是重合的。在溶液相完全互溶的二组分合金体系，凝固时，有的能完全互溶成固溶体，如 Cr-Ni 体系；有的部分互溶，如 Pb-Sn 体系；有的在固态时的互溶度很小，以至可以忽略，如 Zn-Sn 体系。

绘制相图的方法很多，固液平衡相图通常可用热分析法来测绘，即将体系加热升温至液态单相区，然后让其缓慢冷却，测量温度随时间的变化曲线，即步冷曲线。体系若有相变，必然伴随有热效应，即在其步冷曲线中会出现转折点或水平线段，转折点或水平段所对应的温度，即为该组成体系的相变温度。由体系的组成和相变温度作为 T-x 图上的一个点，据系列步冷曲线的组成与对应的相变温度得到众多的实验点，把这些点合理连接就构成了相图中的一些相界线及相区，就可绘出相图。二元简单低共融体系的步冷曲线及相图如图 3.5.1 所示。

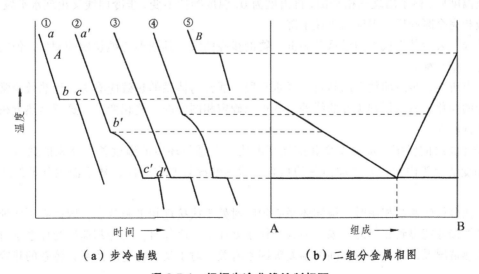

（a）步冷曲线　　　　　　　　　（b）二组分金属相图

图 3.5.1　根据步冷曲线绘制相图

二组分体系的自由度与相的数目有以下关系：

$$自由度 = 组分数 - 相数 + 2$$

即

$$f = c - \varphi + 2 \qquad (3.5.1)$$

由于一般物质的固-液两相的摩尔体积相差不大，所以固-液相图受外界压力的影响颇小，同时在整个实验过程中，压力的变化较小，故压力变量可视为常数，则体系的变量可用条件自由度 f^* 表示：

$$f^* = c - \varphi + 1 \qquad (3.5.2)$$

根据相律公式可分析步冷曲线上出现转折点或水平段的原因。由式（3.5.2）计算二组分固-液体系的自由度数及相变点形态（见表 3.5.1）。

表 3.5.1　二组分固-液体系的自由度数及相变点形态

	单一液相（$\varphi = 1$）	固-液两相（$\varphi = 2$）	固-固-液三相（$\varphi = 3$）
单组分	$f^* = 1 - 1 + 1 = 1$	$f^* = 1 - 2 + 1 = 0$（水平段）	
双组分	$f^* = 2 - 1 + 1 = 2$	$f^* = 2 - 2 + 1 = 1$（转折点）	$f^* = 2 - 3 + 1 = 0$（水平段）

图 3.5.1（a）中，纯物质的步冷曲线如①、⑤所示。将纯 A 液体从高温冷却，此时单一液相的自由度为 1（即温度），体系温度均匀下降，ab 线的斜率取决于体系的散热程度。冷到 A 的熔点时，固体 A 开始析出，体系出现两相平衡（溶液和固体 A），此时自由度为 0，因此温度维持不变，步冷曲线出现 bc 水平段，直到样品完全凝固，温度才下降。

混合物的步冷曲线（如②、④）与纯物质的步冷曲线（如①、⑤）不同。如②从高温冷却时，自由度为 2（温度和组成），体系温度均匀下降，冷却到 b' 点温度时，开始有固体析出，这时体系呈两相，自由度为 1（温度或组成）。因为液相的组成不断改变，所以其平衡温度也不断改变。由于凝固热的不断放出，其温度下降速率变慢，步冷曲线出现转折点 b'。到了低共熔点温度后，体系出现三相平衡，自由度为 0，温度维持不变，步冷曲线又出现水平段 $c'd'$，直到液相完全凝固后，温度又迅速下降。

曲线③表示其组成恰为最低共熔混合物的步冷曲线，其图形与纯物质的相似，但它的水平段是三相平衡。

综上所述，步冷曲线上的转折点或水平段，通常与体系的热效应有关，而热效应常常伴随着相的变化，所以根据步冷曲线的形状可以确定相图中的一些相变点。这就是热分析法的基本依据所在。

步冷曲线的斜率，即温度变化的速率取决于体系与环境的温度差、体系的热容和热导率、相变情况等因素。若冷却体系的热容、散热情况等基本相同，体系温度降低的速率可表示为：

用热分析法测绘相图时，被测体系必须时时处于或接近相平衡状态，因此必须保证冷却速度足够慢才能得到较好的效果。因为当体系处在单纯冷却时，其冷却速度与体系本身的热容、散热情况及体系和环境之间的温差等因素有关。对于某一特定的体系，体系的热容、散

热情况等在冷却过程中基本不变，则体系的冷却速度仅仅与体系和环境之温差 $(T_系 - T_环)$ 有关，即

$$-\frac{\mathrm{d}T}{\mathrm{d}t} = K(T_系 - T_环) \qquad (3.5.3)$$

式中，K 为比例常数，与体系热容、散热情况等有关；t 是冷却时间；$T_系$ 和 $T_环$ 分别为体系和环境的温度。显然，$T_系 - T_环$ 太大，则冷却速度过快，步冷曲线上转折点出现不明显，为此室温较低时，可给样品管提供一定的加热电流，以减小 $T_系 - T_环$，降低冷却速度；但保温功率也不宜过大，否则会延长实验时间，甚至会影响到测量体系，造成实验失败。

此外，在冷却过程中，一个新的固相出现以前，常常发生过冷现象，轻微过冷则有利于测量相变温度，但严重过冷现象会使转折点发生起伏，使相变温度的确定产生困难，如图 3.5.2 所示。遇此情况，可延长 dc 线与 ab 线相交，交点 e 即为转折点。

一般来讲，通过步冷曲线即可定出相界。然而，对于复杂的相图，有时还必须配合其他方法，才能正确无误地画出相图。例如，有些物质伴随着晶型的变化，而晶型变化伴随的热效应往往是较小的，在步冷曲线上不易显示出来，也就不能用步冷曲线确定不同晶型之间的相界线，可采用较灵敏的方法（如差热分析法）进行。

本实验采用热分析法测绘 Pb-Sn 体系相图，如图 3.5.3 所示。

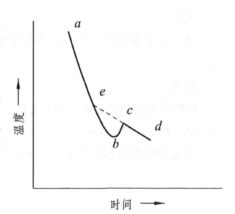

图 3.5.2　有过冷现象时的步冷曲线

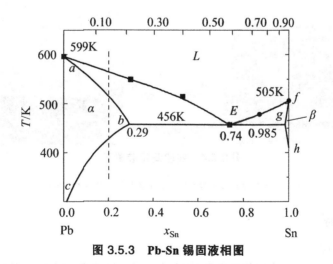

图 3.5.3　Pb-Sn 锡固液相图

Pb-Sn 体系是具有代表性的部分互溶固-液体系相图。与图 3.5.1 相似，这种体系也有着三个两相区和一条三相共存线，但在两侧各有一个固溶区，以铅为主要成分的常称为 α 区，以锡为主要成分的则称为 β 区。如果以 $x_{Sn} = 0.2$ 的组成作步冷曲线，在 T_1 时析出固体铅，到 T_2 温度时析出的固体将是固溶体 α（固溶体的相数为 1）而不是低共熔混合物。由式（3.5.1）

可知，此时体系仍可有一个自由度，因此液-固共存体系的温度仍可下降，步冷曲线出现第二个转折点，但液相组成将根据温度而受液相线 aE 所制约。另一方面，固相的组成也要沿固相线 ab 改变。在体系冷却到三相共存温度时，熔融液同时被 α 和 β 所饱和，一旦液相干涸，温度将进一步下降，而两固相的组成将分别沿 bc 线和 gh 线变化。

一个相图的完整测绘，除热分析方法外，还常需借助其他技术。例如，α 和 β 相的存在以及 abc 和 fgh 线的确定，可用金相显微镜、X 射线衍射方法以及化学分析等手段共同解决。本实验并未证明固溶区的存在，可根据文献测定结果予以补上，以获得完整的概念。

三、仪器及试剂

仪器：

10A 型金属相图（步冷曲线）实验加热装置 1 台；JX-DA 金属相图测量装置 1 台；电脑 1 台。

试剂：

6 个封闭样品管，内装铅（A.R.）和锡（A.R.）组成的混合物，其中 w_{Sn}（%）分别为：0，20，40，61.9，80，100。

实验测定装置示意图如图 3.5.4 所示。

图 3.5.4　实验测定装置图

从左到右排列为：实验加热装置；金属相图测量装置；电脑。

四、实验步骤

1. 样品管的放置。

将待测样品管置于"实验加热装置"中的某号洞，把感温探头插入其中，再把"加热选择"旋钮旋到与待测样品管对应的"洞"的数字。

2. 加热终止温度及参数的设置。

打开"金属相图测量装置"电源，按表 3.5.2 进行参数设置。

表 3.5.2

设置操作	仪器荧屏显示
按"设置",荧屏显示"C",为设置加热终止温度,按"加热"键多次至温度显示为"0",再通过"×10"、"+1"、"−1"按键调温度显示为所需值	C→加热终止温度
按"设置",荧屏显示"P1",同上操作,调加热功率显示为 450 W	P1→450 W
按"设置",荧屏显示"P2",同上操作,调保温功率显示为所需值	P2→保温功率
按"设置",荧屏显示"t1",调节报警时间到所需值	t1→所需值
按"设置",荧屏显示"n",若不需报警调为"0",若需报警调为"1"	n→0
按"设置",荧屏显示样品管的实际温度（即返回到原状）	样品管的实际温度
按"加热",加热指示灯亮,即可	体系温度→450 W

3. 测定步冷曲线。

打开电脑,双击"金属相图"图标,点击"打开串口",点击"开始实验",在弹出的窗口中输入自设的文件名,点击"保存",则电脑自动记录步冷曲线。待步冷曲线的转折点或水平段出现完整后,读取和记录相变温度及对应组成后,**停止实验**。

4. 同上操作,进行其他样品的测量。

五、实验注意事项

1. 实验过程中须按操作规程进行,以防盲目操作而损坏仪器。

2. 加热融化样品时,加热温度不宜过高,以免样品氧化变质。一般以样品完全熔化后再升高 50 ℃ 左右为宜。应视体系的熔点定加热温度,由于热传导存在滞后性,所以设置加热温度比体系的熔点高出 10 ~ 20 ℃ 即可。

3. 在冷却过程中,为使被测体系时时处于或接近相平衡状态,体系的冷却速度必须足够慢,一般以 5 ~ 7 ℃/min 均匀冷却为宜。可视锡含量和环境温度定保温功率:锡含量少及环境温度较低时,应使用较高的保温功率（~ 30 W）;反之锡含量高及环境温度较高时,应适当调低保温功率,或开小风扇调节冷却速率。

六、数据处理

1. 以温度为纵坐标,组成为横坐标,用 Origin 软件绘制 Pb-Sn 二组分金属相图。

2. 根据该相图确定 Pb-Sn 体系的最低共熔点及其组成。

3. 文献值。

（1）Pb-Sn 相图的最低共熔点:$T = 456$ K（180 ℃）,$x_{Sn} = 0.74$,$w_{Sn} = 61.9\%$。

（2）Pb-Sn 混合物的熔点:

质 量 分 数	w_{Sn}（%）	0	20	40	61.9	80	100
	w_{Pb}（%）	100	80	60	38.1	20	0
熔点/℃		326	276	240	183	200	232

（3）Pb 和 Sn 的熔化焓:$\Delta H_m^{\ominus}$(Pb) $= 5.12$ kJ·mol^{-1},$\Delta H_m^{\ominus}$(Sn) $= 7.196$ kJ·mol^{-1}。

七、思考题

1. 对于不同组成混合物的步冷曲线，其水平段有什么不同？含 Sn 为 20%和 40%的两个样品的步冷曲线中的水平段哪个长些？为什么？

2. 作相图还有哪些方法？

3. "步冷曲线可以绘制任何复杂的相图"，该说法对吗？为什么？试举例说明。

4. 步冷曲线上为什么会出现转折点？纯金属、低共熔物及合金等的转折点各有几个？曲线形状有何不同？为什么？

5. 画出含 Sn 为 20%、61.9%、80%及纯 Sn 的步冷曲线，并简述相变情况，计算各区间的条件自由度 f^*。

6. 用加热时间段曲线是否也可作相图？

7. 简述步冷曲线可用于确定相界的基本原理。

8. 试从实验方法比较测绘气-液相图和固-液相图的异同点。

9. 二组分固体的步冷曲线可能的形状有哪几类？为什么两组分液相冷却并析出固体时的温度-时间关系与纯组分不同？

【附录 1】　Origin 处理"二组分金属相图的绘制"实验数据

1. 打开 Origin：

双击"Origin7.0"图标，出现"工作表窗口"。

2. 输入 Sn 的质量分数 $w(Sn)$ 及相应的熔点数据：

（1）在"A[X]"列中输入 Sn 的质量分数，写上列标签：双击"A[X]"，出现对话框，在对话框的下部"Column Label"框内输入"$w(Sn)$"，点击"OK"。

（2）在"B[Y]"列中输入相应的熔点读数，并把该列换算为热力学温度数据：单击"B[Y]"列顶部选中，再点击菜单命令"柱形图"，在下拉菜单中选择"列值设定（V）"，在弹出的对话框中"Col(H) ="处输入相应的计算式：col(B) + 273.15，点击"OK"，写上列标签 T/K。

3. 计算后输入 Sn 的质量分数 $x(Sn)$ 数据：

先在 A 和 B 列中间插入一列：单击"B[Y]"列顶部，再单击鼠标右键，在下拉菜单中选择"Insert"，即可在 A 和 B 列中间插入"C[Y]"列，写上列标签"$x(Sn)$"。

计算该列：单击该列顶部选中，再点击菜单命令"柱形图"，在下拉菜单中选择"列值设定（V）"，在弹出的对话框中"Col(H) ="处根据算式

$$x_{Sn} = \frac{\dfrac{w_{Sn}}{120}}{\dfrac{w_{Sn}}{120} + \dfrac{(100 - w_{Sn})}{208}}$$

输入相应的计算式子：

　　　　col(A)/120/((col(A)/120) + ((100 − col(A))/208))，（其中 col(A)为 $w(Sn)$列）

点击"OK"。

4. 作温度-组成相图：

（1）先把"B[Y]"列熔点数据以低共熔点为界拆分成两列：点击图标 添加 1 列"D[Y]"，把低共熔点（456.65）及其以下的熔点数据移到"D[Y]"中，"B[Y]"列中也保留低共熔点（456.65）数值。

（2）作点线图：

以"C[Y]"列[即 x(Sn)列]为横坐标，"B[Y]"列和"D[Y]"列为纵坐标。

操作方法：双击 C 列顶部，在出现的对话框中把 Y 属性改为 X 属性；同时选中"B[Y2]"列和"D[Y2]"列，点击图标 ，得一点线图。

（3）曲线的光滑与加粗：双击曲线，出现对话框，在"Line"选项卡中的"Connect"下拉菜单中，选"B-Spline"使曲线光滑；在"Width"中选"2"使曲线加粗，点击"OK"（见图 3.5.5）。

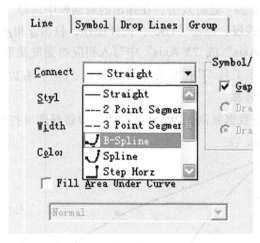

图 3.5.5

（4）修改坐标轴：双击左边纵坐标轴，在打开的对话框中"From"处把数据改为 300，点击"OK"即可。

双击横坐标轴，在打开的对话框中把"From"处的数据改为"0"，把"To"处的数据改为"1"，点击"OK"即可。

（5）在右边添加一个 Y 轴：点击菜单"编辑（Edit）"→"新建图层（New Layer Axis）"→"连接：右边 Y（Linked：Right Y）"，即可在右边添加 Y 轴。双击右边添加的 Y 轴，在弹出的对话框中将坐标标度修改成与左边 Y 轴的相同，如改成"From 300"→"To 620"；在"Increment"处改写为"20"，点击"OK"。

（6）添加低共熔横线：点击直线工具图标 ，在图中拉一横线，双击该横线，在弹出的对话框中点击"Coordinates"，在"Units"的下拉菜单中选择"Scale"，在左边 X 处输入"0.29"、Y 处输入"456.65"，在右边 X 处输入"0.985"、Y 处输入"456.65"，点击"OK"（见图 3.5.6）。

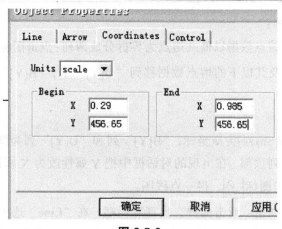

图 3.5.6

（7）添加 α 和 β 两个相区：点击曲线工具图标 ，从 Pb 的熔点至低共熔线的"0.29"处分三次拉一曲线，至"0.29"处时双击，在弹出的对话框中选择"Arrow"，在"Shape"下拉菜单中选择无箭头的直线段，点击"OK"。同样操作，拉出 α 和 β 两个相区的四条线。

（8）在坐标轴的"X Axis"或"Y Axis"中写入相应的变量及单位。

（9）添加说明：用文本工具 **T** 在左边 Y 轴下写上"Pb"，右边 Y 轴下写上"Sn"，并添加其他需说明的数据及符号等。

（10）把相图及工作表数据复制到 Word 文档中，排版好即可打印（见图 3.5.7）。

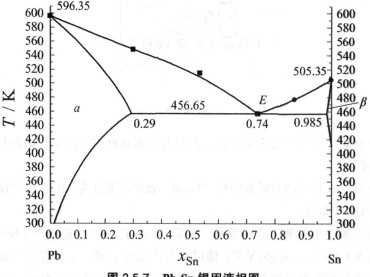

图 3.5.7　Pb-Sn 锡固液相图

实验 6　原电池电动势的测定及应用

一、实验目的

1. 掌握对消法测定电池电动势的原理及电位差计的使用方法。
2. 学会金属电极的制备和处理方法。
3. 学会测定原电池电动势，并计算相关的电极电势及有关热力学常数。
4. 通过电池电动势的测量，加深理解可逆电池、浓差电池、可逆电极、盐桥等基本概念。

二、实验原理

原电池是化学能转变为电能的装置，它由两个"半电池"所组成，而每一个半电池中有一个电极和相应的电解质溶液。由半电池可组成各种各样的原电池。

1. 可逆电池应满足如下条件：

（1）电池反应可逆，即电极上的化学反应可向正反两个方向进行。

（2）能量转变可逆，即电池必须在可逆的情况下工作，充放电过程必须在平衡态下进行，测量时通过电池的电流必须无限小。

（3）电池中所进行的其他过程可逆，即电池中不允许存在任何不可逆的液接界和溶液间扩散。

因此在制备可逆电池、测定可逆电池的电动势时应符合上述条件。

2. 用对消法测定原电池电动势。

原电池电动势不能用伏特计来直接测量，因为电池与伏特计接通后有电流通过，此时由于电池放电而不断发生化学变化，电池中溶液的浓度将不断改变，在电池两极上会发生极化现象，使电极处于非平衡状态。另外，电池本身有内阻而产生电位降，伏特计测量得到的仅是不可逆电池的端电压，而不是电动势。只有在没有电流通过时的电势降才是电池真正的电动势。采用对消法（又称补偿法）可在无电流（或极小电流）通过电池的情况下准确测定电池的电动势。

对消法原理是在待测电池上并联一个大小相等、方向相反的外加电势差，这样待测电池中就没有电流通过，外加电势差的大小即等于待测电池的电动势。电位差计就是根据这一原理设计的。因此原电池电动势一般采用电位差计来测量。

另外，当两种电极的不同电解质溶液接触时，在溶液的界面上总有液体接界电势存在。在精确度不高的测量中，常用正负离子迁移数比较接近的盐类构成"盐桥"来降低液体接界电势。用得较多的盐桥有 KCl（3 mol/L 或饱和）、KNO_3、NH_4NO_3 等溶液。

3. 原电池电动势的测定。

电池由正、负两个电极组成，电池的书写习惯是左方为负极，右方为正极。负极进行氧化反应，正极进行还原反应。在电池中，电极都具有一定的电极电势。设正极的电极电势为 φ_+，负极的电极电势为 φ_-，则电池的电动势等于两个电极的电极电势之差值：

$$E = \varphi_+ - \varphi_- \tag{3.6.1}$$

如果电池反应是自发的，则电池电动势为正值。

现以 Cu-Zn 电池为例书写电池的电动势和电极的电极电势表达式：

电池结构：$Zn \mid ZnSO_4(a_{Zn^{2+}}) \parallel CuSO_4(a_{Cu^{2+}}) \mid Cu$

负极反应：$Zn \longrightarrow Zn^{2+}(a_{Zn^{2+}}) + 2e$

正极反应：$Cu^{2+}(a_{Cu^{2+}}) + 2e \longrightarrow Cu$

电池总反应：$Zn + Cu^{2+}(a_{Cu^{2+}}) \longrightarrow Zn^{2+}(a_{Zn^{2+}}) + Cu$

根据能斯特方程可得电池的电动势与活度的关系式：

$$E = E^{\ominus} - \frac{RT}{zF} \ln \frac{a_{Zn^{2+}} a_{Cu}}{a_{Zn} a_{Cu^{2+}}} \tag{3.6.2}$$

式中，$E^{\ominus}$ 为溶液中锌离子的活度（$a_{Zn^{2+}}$）和铜离子的活度（$a_{Cu^{2+}}$）均等于 1 时的电池的电动势（即原电池的标准电动势）。

由于 Cu、Zn 为纯固体，它们的活度为 1，即

$$a_{Zn} = a_{Cu} = 1 \tag{3.6.3}$$

则式（3.6.2）可写为

$$E = E^{\ominus} - \frac{RT}{zF} \ln \frac{a_{Zn^{2+}}}{a_{Cu^{2+}}} \tag{3.6.4}$$

根据电极电势的能斯特公式有：

Zn 电极的电极电势为

$$\varphi_{Zn^{2+}, Zn} = \varphi_{Zn^{2+}, Zn}^{\ominus} - \frac{RT}{zF} \ln \frac{1}{a_{Zn^{2+}}} \tag{3.6.5}$$

Cu 电极的电极电势为

$$\varphi_{Cu^{2+}, Cu} = \varphi_{Cu^{2+}, Cu}^{\ominus} - \frac{RT}{zF} \ln \frac{1}{a_{Cu^{2+}}} \tag{3.6.6}$$

式中，$\varphi_{Cu^{2+}, Cu}^{\ominus}$ 和 $\varphi_{Zn^{2+}, Zn}^{\ominus}$ 是当 $a_{Cu^{2+}} = a_{Zn^{2+}} = 1$ 时，铜电极和锌电极的标准电极电势。

对于单个离子，其活度是无法测定的，但强电解质的活度与物质的平均质量摩尔浓度和平均活度系数之间有以下关系：

$$a_{Zn^{2+}} = \gamma_{\pm} m_1 \tag{3.6.7}$$

$$a_{Cu^{2+}} = \gamma_{\pm} m_2 \tag{3.6.8}$$

式中，$\gamma_{\pm}$ 是离子平均活度系数，其值与物质浓度、离子种类、实验温度等因素有关。$\gamma_{\pm}$ 的数值可参见附录表 3.13。

在电化学中，电极电势的绝对值至今无法测定，手册上所列的电极电势均为相对电极电势，即以标准氢电极作为标准，规定其电极电势为零。将标准氢电极与待测电极组成电池，所测电池电动势就是待测电极的电极电势。现在国际上采用的标准氢电极为 $a_{H^+} = 1$、$p_{H_2} = 101325$ Pa 时被氢气所饱和的铂电极。由于氢电极使用比较麻烦，所以常用另外一些易制备、电极电势稳定的电极作为参比电极（又称第二级标准电极）。常用的参比电极有甘汞电

极、银-氯化银电极等。这些电极与标准氢电极比较而得的电极电势值已精确测出，具体的电极电势值可参考相关文献资料。

以上讨论的电池是在电池总反应中发生了化学变化，因而被称为化学电池。还有一类电池叫做浓差电池，这种电池在净作用过程中，仅仅是一种物质从高浓度（或高压力）状态向低浓度（或低压力）状态转移，从而产生电动势，这种电池的标准电动势 $E^{\ominus}$ 为零伏。

4. 化学反应的热力学函数变化值的测定。

原电池内进行的化学反应是可逆的，且电池也在可逆条件下工作，则在定温定压、可逆条件下，各热力学函数与电池电动势有如下关系：

$$\Delta_r G_m = -zFE \tag{3.6.9}$$

$$\Delta_r S_m = zF\left(\frac{\partial E}{\partial T}\right)_p \tag{3.6.10}$$

$$\Delta_r H_m = \Delta_r G_m + T\Delta_r S_m = -zFE + zFT\left(\frac{\partial E}{\partial T}\right)_p \tag{3.6.11}$$

式中，F 是法拉第常数（96487 C）；z 是电池输出元电荷的物质的量；E 是可逆电池的电动势。因此，只要在恒温恒压下测出该可逆电池的电动势 E，便可求出各热力学函数，其中 $\left(\frac{\partial E}{\partial T}\right)_p$ 可通过在两个温度下测定的电动势值求得。

三、仪器及试剂

仪器：

EM-3C 数字式电位差计 1 台；标准电池 1 个；WLS 数字恒流电源 1 台；铜电极 2 支；锌电极 1 支；饱和甘汞电极 1 支。

试剂：

饱和 KCl 溶液；$ZnSO_4$ 溶液（0.1000 mol/L）；$CuSO_4$ 溶液（0.1000、0.0100 mol/L）；硝酸亚汞溶液（饱和）；镀铜溶液（每升中含 125 g $CuSO_4 \cdot 5H_2O$，25 g H_2SO_4，50 mL 乙醇）。

实验测定装置示意图如图 3.6.1 所示。

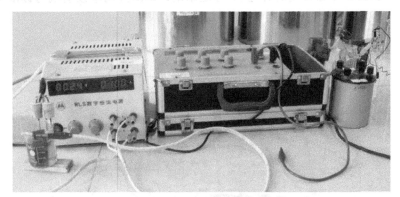

图 3.6.1 实验测定装置图

从左到右排列为：数字恒流电源；数字式电位差计；标准电池。

四、实验步骤

1. 电极制备：

（1）铜电极的制备：将两个铜电极在 1∶3 的稀硝酸中浸泡片刻，除去氧化物，用水冲洗干净。把两个铜电极并联作为阴极，另取一纯铜片作阳极，在镀铜液中进行电镀。电镀的条件是：电流密度约 25 mA/cm²，电镀 20～30 min。电镀后得表面呈红色的 Cu 电极，用蒸馏水洗净。

（2）锌电极的制备：将锌电极在稀硫酸溶液中浸洗片刻，除掉锌电极上的氧化层。取出后用自来水洗涤，再用蒸馏水淋洗，然后浸入饱和硝酸亚汞溶液中 3～5 s，用镊子夹住一小团清洁的湿棉花轻轻擦拭电极，使锌电极表面上有一层均匀的汞齐（汞有剧毒，用过的棉花不能乱丢，应投入指定的有盖广口瓶内，以便统一处理），再用蒸馏水洗净。

（3）半电池的制作：夹紧电极管支管乳胶管上的弹簧夹，向电极管内加入约 2/3 管 0.1000 mol/L ZnSO₄ 溶液，再将处理好的锌电极插入电极管内，并塞紧胶塞，使溶液从电极管的虹吸管口流出，至虹吸管口不流液为止。制作好的半电池应保证电极管的虹吸管内（包括管口）不能有气泡，也不能有漏液现象。

以同样方法分别制作 0.1000 mol/L CuSO₄ 溶液和 0.0100 mol/L CuSO₄ 溶液的半电池。

2. 原电池的制作：向 1 个 50 mL 烧杯中加入饱和氯化钾溶液作为盐桥，将制备好的两个电极的虹吸管插入氯化钾溶液中，组成原电池，如图 3.6.2 所示。

3. 电动势的测定。

（1）标定电位差计：

① 记录室温，打开数字式电位差计预热 5 min。

② 根据标准电池的温度系数，或参见附录表 3.12，查出室温下的校正值，计算室温下标准电池的电动势值。

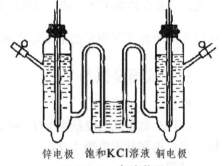

锌电极　饱和KCl溶液　铜电极

图 3.6.2　电池装置

③ 将"功能选择"旋钮旋到"外标"挡，把插头插到"外标"插座中（见图 3.6.3）。从高位到低位逐级调整"电动势指示"中显示的数值为"②"中计算的室温标准电池电动势值（见数显的左边），然后将两电极引线与标准电池的两极连接（注意须正接正、负接负），再轻轻按下红色"校准"按钮，显示为"00000"（见数显的右边）。标定结束，即断开两电极引线与标准电池的连接。

图 3.6.3　电位差计的标定

（2）测定待测电池的电动势：

按图 3.6.2 所示，组成下列电池：　　　　　　　　　　　　　　　　　　估计值/V

① Zn｜ZnSO$_4$（0.1000 mol/L）‖ KCl（饱和）｜Hg$_2$Cl$_2$｜Hg　　　　1.058

② Hg｜Hg$_2$Cl$_2$｜KCl（饱和）‖ CuSO$_4$（0.1000 mol/L）｜Cu　　　0.042

③ Zn｜ZnSO$_4$（0.1000 mol/L）‖ CuSO$_4$（0.1000 mol/L）｜Cu　　1.100

④ Cu｜CuSO$_4$（0.0100 mol/L）‖ CuSO$_4$（0.1000 mol/L）｜Cu　　0.018

分别测定以上 4 个电池的电动势值。

将电位差计"功能选择"旋钮旋至"测量"挡，把插头插到"测量"插座中，从高位到低位逐级调整"电动势指示"中显示的数值为待测电池的估计值，然后将两电极引线与待测电池的两极连接（注意须正接正、负接负），再从高位到低位逐级调整电势值，使"平衡指示"显示为零或接近于零时，"电动势指示"中显示的数值即为该待测电池的电动势值。

4. 电池反应的热力学函数变化值的测定（选做）。

将恒温槽温度设定至目标温度如 25 ℃，把被测电池③放入恒温槽中恒温约 15 min，同上法测定该电池的电动势值。

五、实验注意事项

1. 铜电极镀铜时，电流密度不能过大，否则析出的铜镀层呈松散状。

2. 电位差计和标准电池的使用要严格按照操作规程进行。

3. 标准电池在搬动和使用时，不要使其倾斜、倒置和震荡，要放置平稳。测量时间必须短暂，以免电流过大而损坏电池。

4. 在使用饱和甘汞电极测定时，须拔去电极头上的橡皮帽。使用毕，再把橡皮帽套回电极头上。

5. 连接线路时，必须正接正、负接负，切勿将正、负极接反。

6. 测量待测电池的电动势时，须初步估算被测电池的电动势大小，以便在测量时能迅速找到平衡点，这样可避免电极极化。并且在平衡点前，测量回路将有电流通过，所以在测量中测量回路的连通时间应尽量短。

7. 实验完毕后，首先关掉所有电源开关，拆除所有接线，清洗电极和电极管。

六、数据处理

1. 根据饱和甘汞电极的电极电势温度校正公式，计算室温时饱和甘汞电极的电极电势：

$$\varphi_{SCE} / V = 0.2415 - 7.61 \times 10^{-4}(T/K - 298)$$

2. 根据测定的下列电池电动势实验值，分别计算出 Cu、Zn 电极的电极电势 φ_T，$\varphi_T^{\ominus}$，$\varphi_{298}^{\ominus}$，并与手册中查得的标准电极电势数据进行比较，计算相对误差并分析其产生的原因。

① Zn｜ZnSO$_4$（0.1000 mol/L）‖ KCl（饱和）｜Hg$_2$Cl$_2$｜Hg

② Hg｜Hg$_2$Cl$_2$｜KCl（饱和）‖ CuSO$_4$（0.1000 mol/L）｜Cu

计算时，所需的离子平均活度系数 $\gamma_{\pm}$ 的数值参见附录表 3.13；298 K 时 Cu、Zn 电极的标准电极电势 $\varphi_{298}^{\ominus}$ 由下式计算：

$$\varphi^{\ominus}_{298} = \varphi^{\ominus}_{T} - \alpha(T-298) - \frac{1}{2}\beta(T-298)^2$$

3. 根据室温及 25 ℃ 两个温度下测定的电池③的电动势，求得 $\left(\dfrac{\partial E}{\partial T}\right)_P$，进而计算 298 K 时该电池反应的热力学函数变化值 $\Delta_r G_m$，$\Delta_r S_m$，$\Delta_r H_m$。

③ Zn | ZnSO₄（0.1000 mol/L）|| CuSO₄（0.1000 mol/L）| Cu

表 3.6.1　Cu、Zn 电极的温度系数及标准电极电势

电极	电极反应	$\alpha\times10^{3}/$（V/K）	$\beta\times10^{6}/$（V/K²）	$\varphi^{\ominus}_{298}/$V
Cu²⁺/Cu	Cu²⁺ + 2e ══ Cu	− 0.016	0	0.3419
Zn²⁺/Zn（Hg）	（Hg）+ Zn²⁺ + 2e ══ Zn（Hg）	0.100	0.62	− 0.7627

七、思考题

1. 如何正确使用电位差计？
2. 参比电极应具备什么条件？
3. 盐桥有什么作用？如何选用盐桥并适合不同体系？
4. 对消法测量电动势的基本原理是什么？
5. 为什么不能用伏特计测量电池电动势？

实验 7 旋光法测定蔗糖转化反应的速率常数

一、实验目的

1. 用测定旋光度的方法测定蔗糖水溶液在酸催化作用下的反应速率常数和半衰期。
2. 了解蔗糖转化反应体系中各物质浓度与旋光度之间的关系及一级反应的动力学特征。
3. 了解旋光仪的简单结构原理和测定旋光度的基本原理，正确掌握其使用方法。
4. 学会用图解法求一级反应的速率常数及用计算机、Origin 软件对实验数据进行线性处理和非线性处理方法。

二、实验原理

蔗糖转化的反应方程式为：

$$C_{12}H_{22}O_{11}（蔗糖）+ H_2O \xrightarrow{H^+} C_6H_{12}O_6（葡萄糖）+ C_6H_{12}O_6（果糖）$$

为使水解反应加速，常以酸为催化剂，故反应在酸性介质中进行。此反应本是二级反应，由于反应中水是大量存在的，可以认为整个反应中水的浓度几乎保持不变；而 H^+ 是催化剂，其浓度也是固定的。所以，此反应可视为假一级反应，反应速率只与蔗糖浓度成正比。

一级反应的速率方程可由下式表示：

$$-\frac{dc}{dt} = kc \tag{3.7.1}$$

式中，c 为时间 t 时的反应物浓度；k 为反应速率常数。上式积分可得

$$\ln c = \ln c_0 - kt \tag{3.7.2}$$

式中，c_0 为反应开始时的反应物浓度；当 $c = \frac{1}{2}c_0$ 时，时间 t 可用 $t_{1/2}$ 表示，即为反应半衰期：

$$t_{1/2} = \frac{\ln 2}{k} = \frac{0.693}{k} \tag{3.7.3}$$

蔗糖及其水解后的产物都具有旋光性，且它们的旋光能力不同，蔗糖具有右旋光性，比旋光度 $[\alpha]_D^{20} = 66.37°$，而水解产生的葡萄糖为右旋光性物质，其比旋光度 $[\alpha]_D^{20} = 52.7°$；果糖为左旋光性物质，其比旋光度 $[\alpha]_D^{20} = -92°$。由于果糖的左旋性比较大，故蔗糖水解反应进行时，右旋数值逐渐减小，最后变成左旋，因此蔗糖水解作用又称为转化作用，且可以利用体系在反应过程中旋光度的变化来衡量反应的进程。溶液的旋光度与溶液中所含旋光物质的种类、浓度、溶剂的性质、液层厚度、光源波长及温度等因素有关。在其他条件固定时，旋光度 α 与反应物浓度呈线性关系，所以有

$$\alpha_0 = \beta_反 \cdot c_0 \qquad （t = 0 \text{ 蔗糖未转化时的旋光度}） \tag{3.7.4}$$

$$\alpha_\infty = \beta_生 \cdot c_0 \qquad （t = \infty \text{ 蔗糖全部转化后的旋光度}） \tag{3.7.5}$$

$$\alpha_t = \beta_反 c + \beta_生 (c_0 - c) \qquad （t = t \text{ 蔗糖浓度为 } c \text{ 时的旋光度}） \tag{3.7.6}$$

式中，$\beta_{反}$、$\beta_{生}$ 为反应物和生成物的比例常数；c_0 为反应物起始浓度，也是水解结束生成物的浓度；c 为 t 时蔗糖的浓度。

由式（3.7.4）、（3.7.5）、（3.7.6）可得

$$c_0 = \frac{\alpha_0 - \alpha_\infty}{\beta_{反} - \beta_{生}} = \beta'(\alpha_0 - \alpha_\infty) \tag{3.7.7}$$

$$c = \frac{\alpha_t - \alpha_\infty}{\beta_{反} - \beta_{生}} = \beta'(\alpha_t - \alpha_\infty) \tag{3.7.8}$$

将式（3.7.7）和（3.7.8）代入（3.7.2）式即得

$$\ln(\alpha_t - \alpha_\infty) = -kt + \ln(\alpha_0 - \alpha_\infty) \tag{3.7.9}$$

或写成指数式得

$$\alpha_t = \alpha_\infty + (\alpha_0 - \alpha_\infty)e^{-kt} \tag{3.7.10}$$

从式（3.7.9）可知，如以 $\ln(\alpha_t - \alpha_\infty)$-$t$ 作图可得一直线，从直线斜率可求得反应速率常数 k；或利用（3.7.10）式，以 α_t-t 作图可为一曲线，以一阶指数衰减函数式：$y = y_0 + Ae^{-\frac{x}{t_1}}$ 进行非线性拟合，由拟合参数 $1/t_1$ 可求出 k 值，该法不必测定 α_∞ 值，但需采用计算机和作图软件进行处理，并且 α_t 的测量数据要足够多，才能得到较为可靠的结果。

如果知道 T_1 和 T_2 温度下的速率常数 $k(T_1)$ 和 $k(T_2)$，按 Arrhenius 公式可计算出该反应的活化能 E。

$$E = \ln\frac{k(T_2)}{k(T_1)} \times R\left(\frac{T_1 T_2}{T_2 - T_1}\right) \tag{3.7.11}$$

三、仪器及试剂

仪器：

旋光仪（WXG-4）1 台；旋光管（带恒温水套）1 个；恒温槽 1 套；叉形反应管 2 个；锥形瓶（150 mL）1 个；秒表 1 个；移液管（25 mL）2 支；洗瓶 1 个。

试剂：

蔗糖（A.R.），配成 20% 蔗糖溶液；HCl 溶液（2 mol/L）。

实验测定装置示意图如图 3.7.1 所示。

图 3.7.1　实验测定装置图

从左到右的排列为：旋光仪；恒温水浴槽；恒温控制仪。

四、实验步骤

1. 调节恒温槽温度为 30 ℃；开启旋光仪预热约 10 min。

2. 用移液管吸取 20%蔗糖溶液 25 mL 放入叉形管一侧，再用另一支移液管吸取 25 mL 浓度为 2 mol/L 的 HCl 溶液放入叉形管的另一侧，将叉形管置于恒温槽中恒温；另取一锥形瓶，在其中分别加入 25 mL 20%蔗糖溶液和 25 mL 浓度为 2 mol/L 的 HCl 溶液，混合均匀，置于 55 ℃公用的恒温槽中恒温，供测定 α_∞ 值时使用。

3. 旋光仪零点的校正：洗净旋光管，将管子一端的盖子旋紧，向管内注入蒸馏水，把玻璃片盖好，使管内无气泡存在，再旋紧套盖，勿使漏水。管中液体如有气泡，可赶至胖肚部分。用干毛巾擦净旋光管，再用擦镜纸将管两端的玻璃片擦净，将旋光管放置到旋光仪中进行零点校正。旋光仪的使用方法详见本书仪器部分"旋光仪"章节。

4. 旋光度 α_t 的测定：待叉形管两溶液恒温 10 min 后，将 HCl 溶液迅速倒入蔗糖溶液中，同时开启秒表计时，并立即倒回盛 HCl 溶液的侧管中，再来回倒三四次，使之混合均匀。随即用少量的反应液荡洗旋光管 2~3 次后，装满旋光管，旋紧套盖。用毛巾擦净管外的溶液，用擦镜纸将管两端的玻璃片擦净后，放入旋光仪中，当反应进行到 5 min 时开始测定旋光度，以后每隔 2~3 min 测定一次，达 30 min 后每隔 5 min 测定一次，直至旋光度由右变到左（即 α_t 为负值）为止。记录旋光度 α_t 及时间 t。

5. α_∞ 的测定：将已在水浴中温热 40 min 以上的反应液取出，冷却，再恒温至 30 ℃ 时测定旋光度，即为 α_∞ 值。

6. 活化能的测定（选做）：

将恒温槽的温度调至 35 ℃，按上述步骤 2 将叉形管两溶液恒温至 35 ℃。为节省实验时间，可先将步骤 5 的反应液恒温至 35 ℃ 时测定 α_∞ 值后，再将叉形管两溶液按步骤 4 测定一套 α_t 数据。

五、实验注意事项

1. 蔗糖在配制溶液前，需先经 380 K 烘干。配制的溶液若混浊，则需过滤。

2. 在进行蔗糖反应液的旋光度测定之前，需先熟练掌握旋光仪的使用及三分视野消失的调节，以便能正确和迅速地调节及读数。

3. 旋光管管盖只要旋至不漏水即可，切忌旋得过紧造成玻璃片破碎，或因玻片受力产生应力而致使有一定的假旋光。

4. 旋光仪中的钠光灯不宜长时间开启，在测量间隔较长时（两温度交替时），可关闭休息，待需测定时再提前几分钟打开预热。

5. 反应速率与温度有关，故实验测定须在恒温条件下进行，并且叉形管两侧的溶液需待恒温至实验温度后才能混合。

6. 要使蔗糖完全转化，通常需 48 h 左右。在测定 α_∞ 时，为加速实验进度，可通过加热使反应速度加快，使转化完全，但加热温度不宜超过 60 ℃，否则将产生副反应，颜色变黄。加热过程亦应避免溶液蒸发影响浓度，否则影响 α_∞ 测定的准确性。

7. 由于酸会腐蚀仪器，因此，实验一结束必须将旋光管洗净，并将旋光仪擦干净。

六、数据处理

1. 将实验测定的时间 t、旋光度 α_t、$\ln(\alpha_t - \alpha_\infty)$ 数据列表。

2. 用 Origin 软件绘制 $\ln(\alpha_t - \alpha_\infty)$-$t$ 图和 α_t-t 图，进行线性拟合和非线性拟合处理。

3. 由直线斜率或拟合参数计算反应速率常数 k，并计算反应半衰期 $t_{1/2}$。

4. 根据 Arrhenius 公式计算该反应的活化能 E。

5. 结果要求：图表符合规范要求，线性处理作图应线性良好。

七、思考题

1. 蔗糖的转化速率与哪些因素有关？

2. 实验中，为什么用蒸馏水来校正旋光仪的零点？在蔗糖转化反应过程中所测定的旋光度是否必须要进行零点校正？

3. 蔗糖溶液为什么可粗略配制？

4. 在测定蔗糖转化反应过程中某时刻 t 所对应的旋光度时，能否如同测纯水的旋光度那样，重复测三次后取平均值？

5. 在混合蔗糖溶液和盐酸溶液时，是将盐酸溶液加入到蔗糖溶液中，可否把蔗糖溶液加到盐酸溶液中，为什么？

6. 本实验采用图解法求 k 值，分别利用（3.7.9）、（3.7.10）两式对实验数据进行线性处理和非线性处理，试比较这两种处理方法的优缺点。

【附录1】 WXG-4 圆盘旋光仪的原理与使用

1. 旋光仪的工作原理

可见光是一种波长为 380～780 nm 的电磁波，由于发光体发光的统计性质，电磁波的电矢量的振动方向可以取垂直于光传播方向上的任意方位，通常叫做自然光。利用某些器件（例如偏振器）可以使振动方向固定在垂直于光波传播方向的某一方位上，形成所谓的平面偏振光，平面偏振光通过某种物质时，偏振光的振动方向会转过一个角度，这种物质叫做旋光物质，偏振光所转过的角度叫旋光度。如果平面偏振光通过某种纯的旋光物质，旋光度的大小与下述三个因素有关：

（1）平面偏振光的波长 λ，波长不同旋光度不一样。

（2）旋光物质的温度 t，不同的温度旋光度不一样。

（3）旋光物质的种类，不同的旋光物质有不同的旋光度。

用一个叫做比旋度 $[\alpha]_t^\lambda$ 的量来表示某种物质的旋光能力。其中，$[\alpha]_t^\lambda$ 表示单位长度的某种旋光物质在温度为 $t\,°C$ 时对波长为 λ 的平面偏振光的旋光度。

旋光度与平面偏振光所经过的旋光物质的长度 L 有关，这样在温度为 $t\,°C$、长度为 L 时，具有比旋度为 $[\alpha]_t^\lambda$ 的旋光物质对波长为 λ 的平面偏振光的旋光度由下式表示：

$$\alpha_t^\lambda = [\alpha]_t^\lambda \cdot L \tag{3.7.12}$$

如果旋光物质溶于某种没有旋光性的溶剂中，浓度为 C，则下式成立：

$$\alpha_t^\lambda = [\alpha]_t^\lambda \cdot L \cdot C \qquad (3.7.13)$$

注意：式（3.7.12）和（3.7.13）中，$[\alpha]_t^\lambda$ 与 L 的长度单位必须一致。

若波长一定，在某一标准温度下（例如 20 ℃），事先已知测试物质的比旋度 $[\alpha]_t^\lambda$，测试溶液的长度一定，此时若用旋光仪测出旋光度 α_t^λ，则可由（3.7.13）式计算出溶液中旋光物质的浓度 C。

$$C = \frac{\alpha_t^\lambda}{[\alpha]_t^\lambda \cdot L} \qquad (3.7.14)$$

倘若溶质中除含有旋光物质外还含有非旋光物质，则可由配制溶液时的浓度和由（3.7.14）式求得的旋光物质的浓度 C，计算出旋光物质的含量或纯度。

圆盘旋光仪系用来测定含有旋光性的有机物质（如糖溶液、松节油、樟脑等）的旋光度，其仪器构造见图 3.7.2。

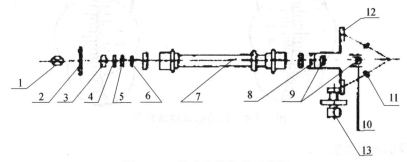

图 3.7.2 旋光仪的构造示意图

1—光源；2—毛玻璃；3—聚光镜；4—滤色镜；5—起偏镜；6—半波片；7—试管；8—检偏镜；9—物、目镜组；
10—调焦手轮；11—读数放大镜；12—度盘及游标；13—度盘转动手轮

由图 3.7.2 可以看出，从光源（1）射出的光线，通过聚光镜（3）、滤色镜（4）经起偏镜（5）成为平面偏振光，在半波片（6）处产生三分视场。通过检偏镜（8）及物、目镜组（9）可以观察到如图 3.7.3 所示的三种情况。转动检偏镜，只有在零度时（旋光仪出厂前调整好）视场中三部分亮度一致，如图 3.7.3（b）。

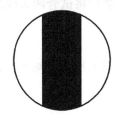
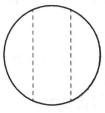

（a）大于（或小于）零度的视场 （b）零度视场 （c）小于（或大于）零度视场。

图 3.7.3 三分视野示意图

当放进存有被测溶液的试管后，由于溶液具有旋光性，使平面偏振光旋转了一个角度，零度视场便发生了变化，如图 3.7.3（a）或（c）。转动检偏镜一定角度，能再次出现亮度一致的视场。这个转角就是溶液的旋光度，它的数值可通过放大镜（11）从度盘（12）上读出。

测得溶液的旋光度后，就可以求出物质的比旋光度。根据比旋光度的大小，就能确定该物质的纯度和含量了。

为便于操作，旋光仪的光学系统以倾斜 20°安装在基座上。光源采用 20 瓦钠光灯（波长 $\lambda = 5\,893A°$）。钠光灯的限流器安装在基座底部，无须外接限流器。旋光仪的偏振器均为聚乙烯醇人造偏振片。三分视界是采用劳伦特石英板装置（半波片）。转动起偏镜可调整三分视场的影荫角（旋光仪出厂时调整在 3°左右）。旋光仪采用双游标读数，以消除度盘偏心差。度盘分 360 格，每格 1°游标分 20 格，等于度盘 19 格，用游标直接读数到 0.05°（见图 3.7.4）。度盘和检偏镜固为一体，借手轮能作粗、细转动。游标窗前方装有两块 4 倍的放大镜，供读数时用。

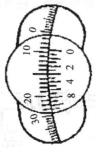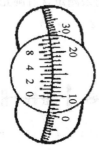

图 3.7.4　双游标读数示意图

2. 旋光仪的使用方法。

（1）将旋光仪接于 220 V 交流电源。开启电源开关，约 5 min 后钠光灯发光正常，就可开始工作。

（2）检查旋光仪零位是否准确，即在旋光仪未放试管或放进充满蒸馏水的试管时，观察零度时视场亮度是否一致。如不一致，说明有零位误差，应在测量读数中减去或加上该偏差值；或放松度盘盖背面四只螺钉，微微转动度盘盖校正之（只能校正 0.5°左右的误差，严重的应送制造厂检修）。

（3）选取长度适宜的试管，注满待测试液，装上橡皮圈，旋上螺帽，直至不漏水为止。螺帽不宜旋得太紧，否则护片玻璃会引起应力，影响正确读数。然后将试管两头残余溶液揩干，以免影响观察的清晰度及测定精度。

（4）测定旋光度及读数：

① 打开镜盖，把试管放入镜筒中测定，把镜盖盖上，并将试管有圆泡一端朝上，以便把气泡存入试管圆泡中，不致影响观察和测定。

② 调节调焦螺旋至视场中三分视界使之清晰。

③ 转动度盘手轮，至视场亮度相一致（暗视场）。

④ 从放大镜中读出度盘所旋转的角度，读数是正的为右旋物质，读数是负的为左旋物质。

⑤ 采用双游标读数法可按下列公式求得结果：

$$\alpha = (A + B)/2$$

式中，A 和 B 分别为两游标窗读数值。如果 $A = B$，而且度盘转到任意位置都符合等式，说明旋光仪没有偏心差（一般出厂前旋光仪均作过校正），可以不用对项读数法。

⑥ 旋光度和温度也有关系。对大多数物质，用 $\lambda = 5\ 893 A°$（钠光）测定，当温度升高 1 ℃ 时，旋光度约减少 0.3%。对于要求较高的测定工作，最好能在（20 ± 2）℃ 的条件下进行。

3. 旋光仪的维护。

（1）旋光仪应放在通风干燥和温度适宜的地方，以免受潮发霉。

（2）旋光仪连续使用时间不宜超过 4 h。如果使用时间较长，中间应关熄 10 ~ 15 min，待钠光灯冷却后再继续使用，或用电风扇吹，减少灯管受热程度，以免亮度下降和寿命降低。

（3）试管用后要及时将溶液倒出，用蒸馏水洗涤干净，揩干藏好。所有镜片均不能用手直接揩擦，应用柔软绒布或擦镜纸揩擦，不能用不洁或硬质布、纸去揩，以免镜片表面产生道子等。

（4）旋光仪停用时，应将塑料套套上，以防灰尘侵入。

（5）仪器、钠光灯管、试管等装箱时，应按规定位置放置并固定之，以免压碎。

（6）不懂装校方法的切勿随便拆动，以免由于不懂校正方法而无法装校好。遇有故障或损坏，应及时送制造厂或修理厂整修，以保持仪器的使用寿命和测定的准确度。

4. 影响旋光度的因素。

（1）溶剂的影响。

旋光物质的旋光度主要取决于物质本身的结构。另外，还与光线透过物质的厚度、测量时所用光的波长和温度有关。如果被测物质是溶液，影响因素还包括物质的浓度，溶剂也有一定的影响。因此旋光物质的旋光度，在不同的条件下，测定结果通常不一样。

（2）温度的影响。

温度升高会使旋光管膨胀而长度加长，从而导致待测液体的密度降低。另外，温度变化还会使待测物质分子间发生缔合或离解，使旋光度发生改变。不同物质的温度系数不同，一般在（ – 0.01 ~ – 0.04）℃。为此在实验测定时必须恒温，旋光管上应装有恒温夹套，且与超级恒温槽连接。

（3）浓度和旋光管长度对比旋光度的影响。

在一定的实验条件下，常将旋光物质的旋光度与浓度视为成正比关系，因此可将比旋光度看作常数。而旋光度和溶液浓度之间并不是严格地呈线性关系，因此严格来讲比旋光度并非常数，旋光度与旋光管的长度成正比。旋光管通常有 10 cm、20 cm、22 cm 三种规格，经常使用的是 10 cm 的。但对旋光能力较弱或者较稀的溶液，为提高准确度，降低读数的相对误差，需用 20 cm 或 22 cm 长度的旋光管。

5. 常见故障及其处理方法（见表 3.7.1）。

表 3.7.1

故障现象	原因分析	处理方法
开机钠灯不亮	1. 电源开关坏 2. 保险丝断 3. 钠灯坏 4. 整流器坏 5. 无电源输入	1. 调换开关 2. 调换保险丝 3. 调换钠灯 4. 调换整流器 5. 检查外电路
钠灯亮，但光暗，视场不清晰	1. 钠灯老化，内胆发黑 2. 望远目镜表面有油污	1. 调换钠灯 2. 擦净望远目镜
装入样品后视场不清晰	1. 测试管内有气泡 2. 试管护片玻璃不清洁	1. 将试管内气泡移至凸起处。 2. 擦拭清洁
测数不准，超差	1. 测试管误差大 2. 钠光灯波长不对 3. 其他原因	1. 调换合格的测试管 2. 调换钠灯 3. 送厂修理
调节度盘转动手轮无三分视场亮暗变化，只有满视场亮暗变化	半玻片脱落	送厂修理
三分视场倾斜明显	半玻片螺钉松	不影响读数可继续使用，严重时送厂修理
调节度盘转动手轮三分视场没有亮暗变化	1. 起偏镜失效 2. 检偏镜失效	送厂修理

【附录 2】　Origin 处理"旋光法测定蔗糖转化反应的速率常数"实验数据

（1）线性方程：$\ln(\alpha_t - \alpha_\infty) = -k_1 t + \ln(\alpha_0 - \alpha_\infty)$。

（2）非线性方程：$\alpha_t = \alpha_\infty + (\alpha_0 - \alpha_\infty)e^{-k_1 t}$。

1. 打开 Origin：

双击"Origin 7.0"图标 ▦，出现"工作表窗口"。

2. 输入实验记录的"时间"和"旋光度"数据：

在"A[X]"列中输入时间数据，写上列标签：双击"A[X]"，出现对话框，在对话框的下部"Column Label"框内输入"t/min"，点击"OK"。

在"B[Y]"列中输入相应的旋光度数据，写上列标签：双击"B[Y]"，在"Column Label"框内输入"α_t"，点击"OK"。

3. 计算后输入"$\ln(\alpha_t - \alpha_\infty)$"列数据：

点击图标 ▥ 添加 1 列"C[Y]"，写上列标签"$\ln(\alpha_t - \alpha_\infty)$"。

计算该列：单击该列顶部选中，再点击菜单命令"柱形图"，在下拉菜单中选择"▦ 列值设定（V）"，在弹出的图 3.7.5（b）对话框中"Col(H) ="处根据算式 $\ln(\alpha_t - \alpha_\infty)$ 输入相应的计算式子：$\ln(col(B) + 4.23)$（其中 $col(B)$ 为 α_t 列，-4.23 为 α_∞ 值）。

此步的操作是：在"Add Function"下拉框中选择"ln( )"，点击"Add Function"；在"Add Column"下拉框中选择"Col(B)"（即 α_t 列），点击"Add Column"，再输入"$-\alpha_\infty$"（注意须把实验测定的 α_∞ 具体数据代入），点击"OK"即可。

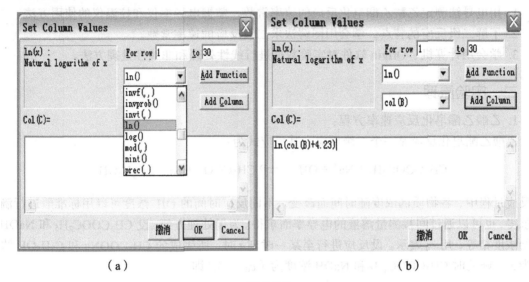

（a）　　　　　　　　　　　　　　（b）

图 3.7.5

4. 据线性方程进行拟合处理：

以 t 为横坐标，$\ln(\alpha_t - \alpha_\infty)$ 为纵坐标。

（1）作描点图：单击"C[Y]"[即 $\ln(\alpha_t - \alpha_\infty)$ 列] 顶部选中，点击 按钮，得一描点图。

（2）进行线性拟合：点击"分析（Analysis）"，在其下拉菜单中选择"线性拟合（Linear Fit）"，在记录窗口（窗口的下部）中有拟合直线方程的参数和相关系数 R 等，用文本工具 T 把拟合直线方程和相关系数 R 添加到图中。

（3）写上坐标轴的变量及单位等，把图复制到 Word 文档。

5. 据非线性方程进行拟合处理：

以 t 为横坐标，α_t 为纵坐标。

（1）作描点图：单击"B[Y]"（即 α_t 列）顶部选中，点击 按钮，得一描点图。

（2）进行一阶指数衰减拟合：点击"分析（Analysis）"，在其下拉菜单中选择"指数衰减拟合（Fit Exponential Decay）"→"第一顺序（First Order）"，在弹出的记录窗口中有拟合曲线方程及其参数、相关系数 R^2 等，用文本工具 T 把拟合曲线方程和相关系数 R^2 添加到图中。

（3）写上坐标轴的变量及单位等，把图复制到 Word 文档。

最后把工作表数据以"截图"的形式复制到 Word 文档，再通过"图片工具栏"中的"裁剪"工具进行按需裁剪。把两个图和一个工作表表格排版好，写上必要条件、信息等，即可打印。

实验 8 电导法测定乙酸乙酯皂化反应的速率常数

一、实验目的

1. 用电导法测定乙酸乙酯皂化反应的速率常数，掌握电导率仪和控温仪的使用方法。
2. 了解二级反应的特点，学会用图解法求二级反应的速率常数。
3. 学会用计算机、Origin 软件对实验数据进行线性处理和非线性处理方法。

二、实验原理

1. 乙酸乙酯皂化反应速率方程：

乙酸乙酯皂化反应是一个二级反应，其反应式为：

$$CH_3COOC_2H_5 + Na^+ + OH^- \longrightarrow CH_3COO^- + Na^+ + C_2H_5OH$$

在反应过程中，各物质的浓度随时间而改变。不同反应时间的 OH^- 浓度可以用标准酸进行滴定求得，也可以通过间接测量溶液的电导率而求得。为了处理方便，设 $CH_3COOC_2H_5$ 和 NaOH 起始浓度相等，用 c_0 表示。设反应进行至某一时刻 t 时，所生成的 CH_3COONa 和 C_2H_5OH 浓度为 x，则此时 $CH_3COOC_2H_5$ 和 NaOH 浓度为（$c_0 - x$），即

$$CH_3COOC_2H_5 + NaOH \longrightarrow CH_3COONa + C_2H_5OH$$

$t = 0$	c_0	c_0	0	0
$t = t$	$c_0 - x$	$c_0 - x$	x	x
$t \to \infty$	$\to 0$	$\to 0$	$\to c_0$	$\to c_0$

对上述二级反应的速率方程可用下式表示：

$$\frac{dx}{dt} = k(c_0 - x)^2 \tag{3.8.1}$$

式中，k 为二级反应速率常数。将上式积分得

$$k = \frac{1}{t \cdot c_0} \cdot \frac{x}{(c_0 - x)} \tag{3.8.2}$$

从式（3.8.2）中可知，起始浓度 c_0 是已知的，只要能测出 t 时的 x 值，就可算出反应速度常数 k 值；或者将式（3.8.2）写成

$$\frac{x}{(c_0 - x)} = c_0 kt \tag{3.8.3}$$

以 $\dfrac{x}{(c_0 - x)}$ 对 t 作图，拟合得一直线，从直线斜率可求出反应速率常数 k。

如果知道 T_1 和 T_2 温度下的速率常数 $k(T_1)$ 和 $k(T_2)$，按 Arrhenius 公式可计算出该反应的活化能 E：

$$E = \ln\frac{k(T_2)}{k(T_1)} \times R\left(\frac{T_1 T_2}{T_2 - T_1}\right) \tag{3.8.4}$$

2. 电导法测定乙酸乙酯皂化反应速率常数：

若反应物是稀水溶液，可假定 CH_3COONa 是全部电离的，则溶液中参与导电的离子有 Na^+、OH^- 和 CH_3COO^-，而 Na^+ 在反应前后浓度不变，OH^- 的迁移率比 CH_3COO^- 的迁移率大得多。因此在反应进行过程中，随着反应时间的增加，电导率大的 OH^- 逐渐为电导率小的 CH_3COO^- 所取代，溶液电导率不断下降。所以本实验可用测量溶液电导率的变化来跟踪皂化反应的进程。对稀溶液而言，强电解质的电导率 G 与其浓度 C 成正比，而且溶液的总电导率等于组成该溶液的各电解质的电导率之和。由此乙酸乙酯皂化在稀溶液下反应就存在如下关系，即在一定范围内，可以认为溶液电导率的减少量与 CH_3COONa 的浓度 x 的增加量成正比：

$t=0$ 时，

$$G_0 = \beta_1 C_0 \tag{3.8.5}$$

$t=\infty$ 时，

$$G_\infty = \beta_2 C_0 \tag{3.8.6}$$

$t=t$ 时，

$$G_t = \beta_1(C_0 - x) + \beta_2 x \tag{3.8.7}$$

式中，β_1 和 β_2 是与温度、电解质性质、溶剂等因素有关的比例常数；G_0 和 G_∞ 分别为反应开始和终了时溶液的总电导率；G_t 为时间 t 时溶液的总电导率。由（3.8.5）、（3.8.6）、（3.8.7）三式可得：

$$x = \left(\frac{G_0 - G_t}{G_0 - G_\infty}\right) \cdot C_0$$

代入（3.8.2）式可得

$$k = \frac{1}{t \cdot c_0}\left(\frac{G_0 - G_t}{G_t - G_\infty}\right)$$

或

$$\frac{G_0 - G_t}{G_t - G_\infty} = c_0 k t \tag{3.8.8}$$

或重新排列得

$$G_t = \frac{1}{c_0 k} \cdot \frac{G_0 - G_t}{t} + G_\infty \tag{3.8.9}$$

或重新排列得

$$G_t = \frac{G_0 + G_\infty C_0 k_2 t}{1 + C_0 k_2 t} \tag{3.8.10}$$

因此，利用（3.8.8）式，以 $\dfrac{G_0-G_t}{G_t-G_\infty}$ -t 作图可为一直线，由直线的斜率可求出 k 值；或利用（3.8.9）式，以 G_t-$\dfrac{G_0-G_t}{t}$ 作图可为一直线，由直线斜率可求出 k 值，**此法不必测定** G_∞ **值**；或利用（3.8.10）式，以 G_t-t 作图可为一曲线，以函数式 $G_t=\dfrac{b+ct}{1+at}$ 进行非线性拟合，由拟合参数 a 可求出 k 值，该法不必测定 G_0 和 G_∞ 值，但需采用计算机和作图软件进行处理，并且 G_t 的数据要足够多，才能得到较为可靠的结果。

　　由两个不同温度下测得的速率常数 $k(T_1)$ 和 $k(T_2)$，可据（3.8.4）式计算出该反应的活化能。

三、仪器及试剂

仪器：

电导率仪（DDSJ—308A）1 台；移液管 50 mL 1 支；DIS-型铂黑电极 1 支；微量移液器 0.1 mL 1 支；恒温槽 1 套；锥形瓶（电导池）4 个；秒表 1 个。

试剂：

0.0100 mol/L NaOH（新鲜配制）；$CH_3COOC_2H_5$（A.R.）；0.0100 mol/L CH_3COONa（新鲜配制）。

实验测定装置示意图如图 3.8.1 所示。

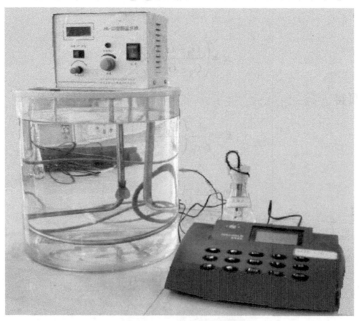

图 3.8.1　实验测定装置图

电导率仪面板示意图如图 3.8.2 所示。

图 3.8.2　电导率仪面板图

四、实验步骤

1. 调节恒温槽温度为 25 °C。

2. G_0 的测定：于洁净干燥的锥形瓶中准确加入 100 mL 浓度为 0.0100 mol/L 的 NaOH 溶液，置恒温槽中恒温（插入电极一起恒温），至电导率仪上温度显示达恒温温度后，读取并记录电导率值，即为 G_0 值。

3. G_t 的测定：用微量移液器准确移取 0.098 mL（25 °C）CH$_3$COOC$_2$H$_5$，加入至 NaOH 溶液中，同时开启秒表计时（注意秒表一经打开切勿按停，直至全部测定结束），及时盖好盖子以防 CH$_3$COOC$_2$H$_5$ 挥发，随即充分摇匀溶液（在恒温槽中操作）。当反应进行到 6 min 时开始测定电导率，以后每隔 2 min 测定一次电导率，记录电导率 G_t 及时间 t，共测 1 h。

4. G_∞ 的测定：（有两种方法可以用来测定 G_∞）

第一种方法是将反应体系放置 4~5 h，让反应进行完全，然后在同样的条件下测定溶液电导率，即为 G_∞。

第二种方法是采用新鲜配制的 0.0100 mol/L 的 CH$_3$COONa 溶液，以同一电极在相同实验条件下测定其电导率，即为 G_∞。操作步骤为：在另一个洁净干燥的锥形瓶中加入约 100 mL 浓度为 0.0100 mol/L 的 CH$_3$COONa 溶液，置恒温槽中恒温（其间插入电极一起恒温），至电导率仪上温度显示达恒温温度后，读取电导率值，即为 G_∞ 值。

5. 活化能的测定（选做）：

调节恒温槽温度为 35 °C，重复上述步骤操作，分别测定该温度下的 G_0、G_t 和 G_∞，但在测定 G_t 时从 4 min 时开始测定电导率。

实验结束后，关闭电源，取出电极，用蒸馏水冲洗干净后浸泡在蒸馏水中。

五、实验注意事项

1. 本实验所用蒸馏水需事先煮沸，待冷却后使用，以免溶有的 CO_2 致使 NaOH 溶液浓度发生变化。

2. 配好的 NaOH 溶液需装配碱石灰吸收管，以防空气中的 CO_2 进入瓶中改变溶液浓度。

3. 实验测定须在恒温条件下进行，实验过程中应控制恒温槽温度波动在 ±0.1 K 以内。

4. 必须保证 NaOH 与 $CH_3COOC_2H_5$ 的初始浓度相同，并为稀溶液。

5. 电极使用前，须用滤纸吸干水分后再插入溶液中，不可用滤纸试擦电极上的铂黑。

6. 乙酸乙酯皂化为吸热反应，开始反应时体系温度不稳定，所以起始几分钟内所测电导率值偏低，致使线性处理作图时得到的是一抛物线，而不是直线。因此最好在反应进行 4 ~ 6 min 后开始测定电导率。

六、数据处理

1. 将实验测定的 t 和 G_t 数据列表。

2. 用 Origin 软件绘制 $\dfrac{G_0 - G_t}{G_t - G_\infty}$-$t$ 图、G_t-$\dfrac{G_0 - G_t}{t}$ 图和 G_t-t 图，进行线性拟合和非线性拟合。

3. 由直线斜率或拟合参数计算反应速率常数 k。

4. 根据 Arrhenius 公式计算该反应的活化能 E。

5. 结果要求及文献值：

（1）结果要求：图表符合规范要求，线性处理作图应线性良好。

k(298.2 K) = (6 ± 1) L·mol^{-1}·min^{-1}； k(308.2 K) = (10 ± 2) L·mol^{-1}·min^{-1}。

（2）文献值：$\lg k = -1780 T^{-1} + 0.00754 T + 4.53$。

七、思考题

1. 如果 NaOH 和 $CH_3COOC_2H_5$ 起始浓度不相等，应怎样计算 k 值？

2. 如果 NaOH 和 $CH_3COOC_2H_5$ 溶液为浓溶液，能否用此法求 k 值？为什么？

3. 为何本实验要在恒温条件下进行？而且反应物在混合前必须预先恒温？

4. 乙酸乙酯皂化反应为吸热反应，试问在实验过程中如何处置这一影响而使实验得到较好的结果？

5. 本实验采用图解法求 k 值，分别利用（3.8.8）、（3.8.9）、（3.8.10）三式对实验数据进行线性处理和非线性处理，试比较这三种处理方法的优缺点。

【附录1】 Origin 处理"电导法测定乙酸乙酯皂化反应的速率常数"实验数据

（1）线性方程 1：$G_t = \dfrac{1}{C_0 k_2} \dfrac{G_0 - G_t}{t} + G_\infty$。

（2）线性方程 2：$\dfrac{G_0 - G_t}{G_t - G_\infty} = C_0 k_2 t$。

（3）非线性方程：$G_t = \dfrac{G_0 + C_0 k G_\infty t}{1 + C_0 k t} = \dfrac{b + ct}{1 + at}$。

1. 打开 Origin：

双击 "Origin7.0" 图标 🔳，出现 "工作表窗口"。

2. 输入实验记录的 "时间" 和 "电导值" 数据：

在 "A[X]" 列中输入时间数据，写上列标签：双击 "A[X]"，出现对话框，在对话框的下部 "Column Label" 框内输入 "t/min"，点击 "OK"。

在 "B[Y]" 列中输入相应的电导值数据，写上列标签：双击 "B[Y]"，在 "Column Label" 框内输入 "G_t"，点击 "OK"。

3. 计算后输入 "$\dfrac{G_0 - G_t}{t}$" 列数据：

点击图标 🔳 添加 1 列 "C[Y]"，写上列标签 "$\dfrac{G_0 - G_t}{t}$"。

计算该列：单击该列顶部选中，再点击菜单命令 "柱形图"，在下拉菜单中选择 " 🔳 列值设定（V）"，在弹出的对话框中 "Col(H) =" 处根据算式 $\dfrac{G_0 - G_t}{t}$ 输入相应的计算式子：$(2.24 - \text{col(B)})/\text{col(A)}$（其中 2.24 为 G_0 值，col(B) 为 G_t 列值，col(A) 为 t 列值）。

4. 计算后输入 "$\dfrac{G_0 - G_t}{G_t - G_\infty}$" 列数据：

点击图标 🔳 添加 1 列 "D[Y]"，写上列标签 "$\dfrac{G_0 - G_t}{G_t - G_\infty}$"。

计算该列：单击该列顶部选中，再点击菜单命令 "柱形图"，在下拉菜单中选择 " 🔳 列值设定（V）"，在弹出的对话框中 "Col(H) =" 处根据算式 $\dfrac{G_0 - G_t}{G_t - G_\infty}$ 输入相应的计算式子：$(2.24 - \text{col(B)})/(\text{col(B)} - 0.803)$（其中 2.24 为 G_0 值，col(B) 为 G_t 列值，0.803 为 G_∞ 值）。

5. 据线性方程 1 进行拟合处理：

以 $\dfrac{G_0 - G_t}{t}$ 为横坐标，G_t 为纵坐标。

（1）作描点图：点击 🔳 按钮，在弹出的对话框中，选 "C[Y]"（即 $\dfrac{G_0 - G_t}{t}$ 列）为 "⟨-⟩ X"，选 "B[Y]"（即 G_t 列）为 "⟨-⟩ Y"，点击 "OK"，得一描点图。

（2）进行线性拟合：点击 "分析（Analysis）"，在其下拉菜单中选择 "线性拟合（Linear Fit）"，在记录窗口（窗口的下部）中有拟合直线方程的参数和相关系数 R 等，用文本工具 T 把拟合直线方程和相关系数 R 添加到图中。

（3）写上坐标轴的变量及单位等，把图复制到 Word 文档。

6. 据线性方程 2 进行拟合处理：

以 t 为横坐标，$\dfrac{G_0 - G_t}{G_t - G_\infty}$ 为纵坐标。

（1）作描点图：单击"D[Y]"$\left(\text{即}\dfrac{G_0-G_t}{G_t-G_\infty}\text{列}\right)$顶部选中，点击 按钮，得一描点图。

（2）进行线性拟合：点击"分析（Analysis）"，在其下拉菜单中选择"线性拟合（Linear Fit）"，在记录窗口（窗口的下部）中有拟合直线方程的参数和相关系数 R 等，用文本工具 **T** 把拟合直线方程和相关系数 R 添加到图中。

（3）写上坐标轴的变量及单位等，把图复制到 Word 文档。

7. 据非线性方程进行拟合处理：

以 t 为横坐标，G_t 为纵坐标，作描点图：单击"B[Y]"（即 G_t 列）顶部选中，点击 按钮，得一描点图。

根据函数式 $G_t=\dfrac{b+ct}{1+at}$ 进行拟合：

（1）点击"分析（Analysis）"，在其下拉菜单中选择"非线性拟合"→"高级拟合工具"，弹出一个对话框。

（2）选择函数：从"Function"下拉菜单中点击"Select"，在左边选"Rational"，再在右边选"Rational0"，这时下框出现函数式（见图 3.8.3）：$y=\dfrac{b+cx}{1+ax}$。

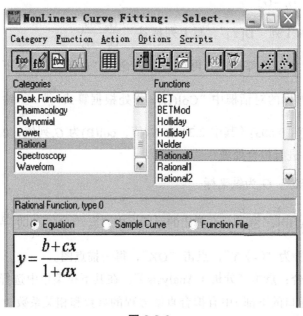

图 3.8.3

（3）使变量与数列对应：从"Action"下拉菜单中点击"Dataset"，点击"y"行，再点击"data1_b"，然后点击"Assign"；同样，点击"x"行，再点击"data1_a"，然后点击"Assign"。

（4）进行拟合：从"Action"下拉菜单中点击"Fit"，在弹出的对话框中的 a、b、c 中均分别输入初始值"0.5"，然后依次点击"chi-Sqr"、"1 lter."、"100 lter."，即可进行迭代拟合（见图 3.8.4）。

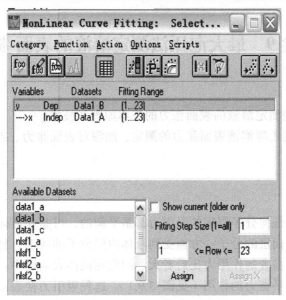

图 3.8.4

（5）最后点击 "Done"，在弹出的记录窗口中有拟合曲线方程及其参数、相关系数 R^2 等，用文本工具 $\boxed{T}$ 把拟合曲线方程和相关系数 R^2 添加到图中。

（6）写上坐标轴的变量及单位等，把图复制到 Word 文档。

最后把工作表数据以 "截图" 的形式复制到 Word 文档，再通过 "图片工具栏" 中的 "裁剪" 工具进行按需裁剪。把三个图和一个工作表表格排版好，写上必要条件、信息等，即可打印。

实验 9　最大泡压法测定溶液的表面张力

一、实验目的

1. 掌握最大泡压法测定溶液的表面张力的基本原理和技术。

2. 通过对不同浓度乙醇溶液表面张力的测定，加深对表面张力、表面自由能、表面张力和吸附量关系的理解。

二、实验原理

在一个液体内部，任何分子周围的吸引力都是平衡的，可是在液体表面层的分子间的吸引力却不相同，因为表面层的分子一方面受到液体内层分子的吸引，另一方面受到液体外部气体分子的吸引，而且前者的作用力比后者大。因此在液体表面层中，每个分子都受到垂直于并指向液体内部的不平衡力的作用（见图 3.9.1），这种吸引力使表面上的分子向内挤促成液体达到最小面积，而要使液体的表面积增大，就必须反抗分子的内向力而做功，增加分子的位能。所以说分子在表面层比在液体内部有较大的位能，这位能就是表面自由能。通常把增大一平方米表面所需的最大功 A 或增大一平方米所引起的表面自由能的变化ΔG 称为单位表面的表面能，其单位为 J·m^{-1}；而把液体限制其表面及力图使它收缩的单位直线长度上所作用的力称为表面张力，其单位是 N/m^2。液体单位表面的表面能和它的表面张力在数值上是相等的。如欲使液体表面面积增加ΔS 时，所消耗的可逆功 A 应该是：

$$-A = \Delta G = \sigma \Delta S \tag{3.9.1}$$

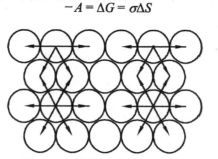

图 3.9.1　分子间作用力示意图

液体的表面张力与温度有关，温度愈高，表面张力愈小，到达临界温度时，液体与气体不分，表面张力趋近于零。液体的表面张力也与液体的纯度有关，在纯净的液体（溶剂）中如果掺进杂质（溶质），表面张力就要发生变化，其变化的大小，取决于溶质的本性和加入量的多少。

对纯溶剂而言，其表面层与内部的组成是相同的，但对溶液来说却不然。当加入溶质后，溶剂的表面张力要发生变化。根据能量最低原则，若溶质能降低溶剂的表面张力，则表面层中溶质的浓度应比溶液内部的浓度大，如果所加溶质能使溶剂的表面张力升高，那么溶质在表面层中的浓度应比溶液内部的浓度低。这种表面浓度与溶液内部浓度不同的现象叫做溶液的表面吸附。在一定的温度和压力下，溶液表面吸附溶质的量与溶液的表面张力和加入的溶质量（即溶液的浓度）有关，它们之间的关系可用吉布斯（Gibbs）公式表示：

$$\Gamma = -\frac{C}{RT}\left(\frac{d\sigma}{dC}\right)_T \tag{3.9.2}$$

式中，Γ 为表面吸附量（$mol \cdot m^{-2}$）；σ 为表面张力（N/m^2）；T 为绝对温度（K）；C 为溶液浓度（$mol \cdot L^{-1}$）；$\left(\dfrac{d\sigma}{dC}\right)_T$ 表示在一定温度下表面张力随浓度的改变率。

如果 σ 随浓度的增加而减小，也即 $\left(\dfrac{d\sigma}{dC}\right)_T < 0$，$\Gamma > 0$，此时溶液表面层的浓度大于溶液内部的浓度，称为正吸附作用；

如果 σ 随浓度的增加而增加，即 $\left(\dfrac{d\sigma}{dC}\right)_T > 0$，$\Gamma < 0$，此时溶液表面层的浓度小于溶液内部的浓度，称为负吸附作用。

从（3.9.2）式可看出，只要测出不同浓度溶液的表面张力，以表面张力 σ 对浓度 C 作图，拟合曲线，再对拟合曲线进行微分求取对应浓度下的微分值 $\left(\dfrac{d\sigma}{dC}\right)_T$，代入（3.9.2）式，即可求得各种不同浓度下气-液界面上的吸附量。

据（3.9.2）式，作 Γ-C 图，可得一曲线，由此曲线的极大值可求得最大表面吸附量 Γ_n 值。

假若在表面层达到最大量吸附的情况下，在气-液界面上铺满一单分子层，如果以 N 代表 $1\ m^2$ 表面层的分子数，则

$$N = \Gamma_n L$$

式中 L 为阿伏伽德罗常数，则每个分子的横截面积 A_n 为

$$A_n = \frac{1}{\Gamma_n L} \tag{3.9.3}$$

若已知溶质的密度 ρ 和摩尔质量 M，就可计算出吸附层的厚度 d：

$$d = \frac{\Gamma_n M}{\rho} \tag{3.9.4}$$

本实验选用最大泡压法测定液体的表面张力，其装置示意图如图 3.9.2 所示。

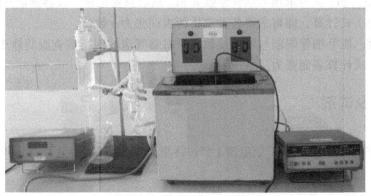

图 3.9.2　最大泡压法测定表面张力的装置示意图

从左到右排列为：微压差测量仪；抽水瓶；测定管；恒温水浴槽；恒温控制仪。

将欲测表面张力的液体装于测定管中，使毛细管的端面与液面刚好相切，由于弯曲液面下所产生的附加压力的作用，使液面沿着毛细管上升至一定高度。当打开滴液漏斗的活塞进行滴液缓慢抽气时，由于毛细管内液面上所受的压力（$p_{大气}$）大于测定管中液面上的压力（$p_{系统}$），毛细管内的液面逐渐下降，并从毛细管管端缓慢地逸出气泡。在气泡形成过程中，由于表面张力的作用，凹液面产生了一个指向液面外的附加压力 Δp，因此有下述关系：

$$\Delta p = p_{大气} - p_{系统} \tag{3.9.5}$$

附加压力 Δp 与溶液的表面张力 σ 的关系可用拉普拉斯方程表示：

$$\Delta p = \frac{2\sigma}{R} \tag{3.9.6}$$

式中，σ 为表面张力；R 为弯曲表面的曲率半径。

该公式是拉普拉斯方程的特殊式，适用于当弯曲表面刚好为半球形的情况。

若毛细管管径较小，形成的气泡可视为球形。当气泡开始形成时，由于表面几乎是平的，所以曲率半径最大；随着气泡的形成，曲率半径逐渐变小，直到形成半球形，这时曲率半径 R 和毛细管半径 r 相等，曲率半径达最小值，根据（3.9.6）式，这时附加压力达最大值；随着气泡的进一步增大，R 变大（见图 3.9.3），附加压力则变小，直到气泡逸出液面。

根据（3.9.6）式可知，当 $R = r$ 时，附加压力最大，为

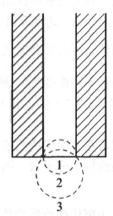

图 3.9.3 气泡形成过程示意图

$$\Delta p_{max} = \frac{2\sigma}{r} \ 或 \ \sigma = \frac{r}{2}\Delta p_{max} = K\Delta p_{max} \tag{3.9.7}$$

式中，$K = \dfrac{r}{2} = \dfrac{\sigma}{\Delta p_{max}}$，称为毛细管常数，与毛细管半径 r 有关。最大附加压力可由数字式微压差测量仪上读出。

在实验中，若使用同一支毛细管和压力计，则 r 或 K 为常数，K 可由已知表面张力的液体来标定。即将已知表面张力的液体（通常是水，其表面张力数值可查附表得到）作为标准，由实验测得其 Δp_{max} 后，就可求出毛细管常数 K 值。然后只要用这一仪器测定其他液体的 Δp_{max} 值，通过（3.9.7）式计算，即可求得各种液体的表面张力 σ 数值。

实际测量时，使毛细管端刚与液面接触，可忽略气泡鼓泡所需克服的静压力，这样就可直接用（3.9.7）式计算表面张力。

三、仪器及试剂

仪器：

最大泡压法表面张力仪 1 套；恒温槽 1 套；待测乙醇水溶液样品（$1 \sim 8$ mol/L）8 个；微压差测量仪 1 台。

试剂：

无水乙醇（A.R.）。

四、实验步骤

1. 调节恒温槽温度为 30 ℃。

2. 仪器准备与检漏。

（1）将表面张力测定管和毛细管充分洗干净，装置测定管时应使毛细管垂直，抽水瓶中装满水。

（2）将一定量蒸馏水注入测定管中，调节液面，使毛细管口恰好与液面相切。恒温 10 min 后，再次检查调节液面，使毛细管口恰好与液面相切，并且毛细管中上升的液柱不能有间断。

（3）将数字式微压差测量仪接上电源，预热几分钟。打开抽水瓶上面的活塞，在通大气下采零后，关闭抽水瓶上活塞。打开抽气瓶下活塞进行缓慢滴水抽气，使体系内的压力降低，当微压差测量仪上的读数为 − 0.4 ~ − 0.5 时，关闭抽气瓶下活塞，若 2 ~ 3 min 内微压差测量仪上的读数不变，说明体系不漏气，可以进行实验。

3. 仪器常数的测量。

打开抽气瓶下活塞进行缓慢抽气，使气泡由毛细管口成单泡逸出，调节抽水速度，使气泡逸出的速度约为 5 ~ 8 s/个，读出压差计上的最大压力差数值。重复读数三次，取其平均值。

4. 由稀到浓测定待测样品的表面张力。

（1）用待测溶液洗净测定管和毛细管后，加入适量的样品于测定管中。

（2）按照步骤 3 所述的操作步骤，分别测定各乙醇水溶液样品的最大压力差数值。

五、实验注意事项

1. 测定管及毛细管等必须洁净，毛细管应保持垂直，其管口刚好与液面相切。

2. 仪器系统连接必须严密，不能漏气。

3. 滴水速度应慢些，使气泡平稳地、逐个地从毛细管口逸出。

4. 读取压差计的压差时，应取气泡单个逸出时的最大压力差。

5. 每次换溶液时须用少量待测液洗测定管 3 次，尤其是毛细管部分，须用吸球抽洗，确保毛细管内外溶液浓度一致。

六、数据处理

1. 由附录表中查出实验温度时水的表面张力数值。

2. 将乙醇的浓度 C、实验测定的相应最大压力差 Δp_{max} 及计算得到的表面张力 σ 数据列表。

3. 以 σ 对 C 作描点图，用一阶指数衰减式进行拟合，得一拟合曲线，再对拟合曲线微分得一组微分值 $\left(\dfrac{\mathrm{d}\sigma}{\mathrm{d}C}\right)_T$。

4. 把该组微分值 $\left(\dfrac{\mathrm{d}\sigma}{\mathrm{d}C}\right)_T$ 代入吉布斯吸附方程 $\Gamma = -\dfrac{C}{RT}\left(\dfrac{\mathrm{d}\sigma}{\mathrm{d}C}\right)_T$ 中计算，得到一组表面吸附量 Γ 值，作 Γ-C 图得一曲线，由曲线的极大值（或 Γ 随 C 的变化关系中）求出表面最大吸附量 Γ_n 值。

5. 据公式 $A_{乙醇} = \dfrac{1}{\Gamma_n L}$ 计算出乙醇分子的横截面面积。

七、思考题

1. 毛细管口为何必须调节得恰与液面相切？否则对实验有何影响？

2. 最大泡压法测定表面张力时为什么要读最大压力差？如果气泡逸出得很快，或几个气泡一齐出，对实验结果有无影响？为什么？

3. 表面张力为什么必须在恒温槽中进行测定？温度和压强的变化对测定结果有何影响？

4. 对同一试样进行测定时，每次脱出气泡一个或连串两个所读结果是否相同？为什么？

【附录1】 Origin 处理"最大泡压法测定溶液的表面张力"实验数据

计算公式：

$$\sigma = K\Delta p_{max} = \frac{\sigma_{水}}{\Delta p_{max, 水}}\Delta p_{max} \; ; \quad \Gamma = -\frac{C}{RT}\left(\frac{d\sigma}{dC}\right)_T \; ; \quad A_{乙醇} = \frac{1}{\Gamma_n L}$$

1. 打开 Origin：

双击"Origin 7.0"图标 ▦，出现"工作表窗口"。

2. 输入"浓度"和"最大压力差"实验数据：

在"A[X]"列中输入浓度数据，写上列标签：双击"A[X]"，出现对话框，在对话框的下部"Column Label"框内输入"$C/$（mol/L）"，点击"OK"。

在"B[Y]"列中输入相应的最大压力差数据，写上列标签：双击"B[Y]"，在"Column Label"框内输入"Δp_{max}/kPa"，点击"OK"。

3. 计算后输入"表面张力σ"列数据：

点击图标 +▤ 添加 1 列"C[Y]"，写上列标签"σ"。

计算该列：单击该列顶部选中，再点击菜单命令"柱形图"，在下拉菜单中选择"▦列值设定（V）"，在弹出的对话框中"Col(H) ="处根据公式 $\sigma \approx K\Delta p_{max} = \dfrac{\sigma_{水}}{\Delta p_{max, 水}}\Delta p_{max}$ 输入相应的计算式子：0.07118*col(B)/（$\Delta p_{max, 水}$ 的具体数据），点击"OK"。（查表得 30 ℃ 时水的表面张力为 0.07118）

4. 作σ-C图并进行一阶指数衰减拟合：

以 C 为横坐标，σ 为纵坐标。

（1）作描点图：单击"C[Y]"（即σ列）顶部选中，点击 ▪‧ 按钮，得一描点图。

（2）进行一阶指数衰减拟合：点击"分析（Analysis）"，在其下拉菜单中选择"指数衰减拟合（Fit Exponential Decay）"→"第一顺序（First Order）"，即得一拟合曲线。

（3）对拟合曲线微分求取微分值$\left(\dfrac{d\sigma}{dC}\right)_T$：点击"数据（Data）"，在其下拉菜单中点击"2NLSF1"激活拟合曲线，在"分析（Analysis）"菜单下点击"微积分（Calculus）"→"微分（Differentiate）"，Origin 将自动计算出拟合曲线各点的微分值，并在该曲线对应的工作表

（Derivative）内创建一个新数列存放这些微分值（缺省条件下可有 60 个数值，见图 3.9.4）。

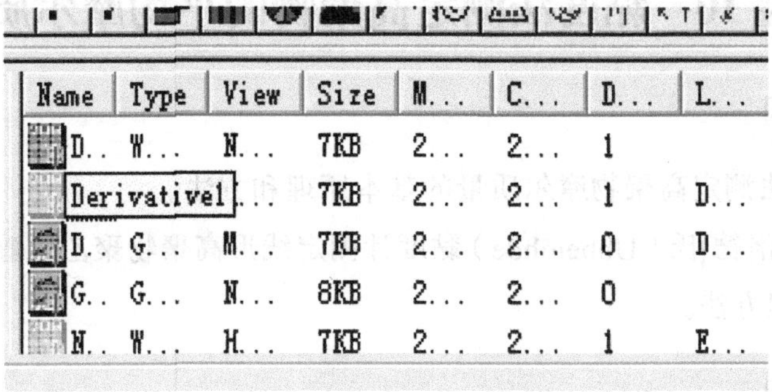

Name	Type	View	Size	M...	C...	D...	L...
D.. W...	N...	7KB	2...	2...	1		
Derivative1	...	7KB	2...	2...	1	D...	
D.. G...	M...	7KB	2...	2...	0	D...	
G.. G...	N...	8KB	2...	2...	0		
N.. W...	H...	7KB	2...	2...	1	E...	

图 3.9.4

（4）计算表面吸附量 Γ：在项目管理器中（窗口的下方，若不见有，可点击图标 ）找到工作表"Derivative1"双击，出现一个新的工作表，其中"A[X]"列的数据为浓度 C，"NLSF1 B[Y]"列即为微分值 $\left(\dfrac{d\sigma}{dC}\right)_T$。点击图标 添加 1 列"B[Y]"，写上列标签" Γ "。

计算该列：单击该列顶部选中，再点击菜单命令"柱形图"，在下拉菜单中选择" 列值设定（V）"，在弹出的对话框中"Col(H) ="处根据公式 $\Gamma = -\dfrac{C}{RT}\left(\dfrac{d\sigma}{dC}\right)_T$ 输入相应的计算式子：– col(A)*col(NLSF1B)/8.314/303，点击"OK"。（303 为实验温度 303 K）

5. 作 Γ-C 图并求出 Γ_n 值：

（1）以 C 为横坐标，Γ 为纵坐标，作点线图：单击"B[Y]"（即 Γ 列）顶部选中，点击 按钮，得一曲线图。单击数据点读取工具图标 ，再把鼠标移到图中曲线极大点处点击，则在"Data Display"工具上显示该选定点的 X、Y 坐标值，Y 值即是 Γ_n 值；再用文本工具 把 Γ_n 值写入图中。

（2）写上坐标轴的变量及单位等，把图复制到 Word 文档。

最后把工作表数据以"截图"的形式复制到 Word 文档，再通过"图片工具栏"中的"裁剪"工具进行按需裁剪。把两个图和工作表表格排版好，写上必要条件、信息等，即可打印。

实验 10 黏度法测定高聚物的平均摩尔质量

一、实验目的

1. 掌握用黏度法测定高聚物摩尔质量的基本原理和方法。

2. 掌握用乌[贝洛德]氏（Ubbelohde）黏度计测定线形高聚物聚乙二醇的黏均摩尔质量的实验技术及数据处理方法。

二、实验原理

高聚物的摩尔质量不仅反映了高聚物分子的大小，而且直接关系到它的物理性能，是一个重要的基本参数。单体分子经加聚或缩聚过程便可合成高聚物，由于其聚合度不一定相同，所以与一般的无机物或低分子的有机物不同,高聚物多是摩尔质量大小不同的大分子混合物，通常所测高聚物的摩尔质量是一个统计平均值。

高聚物的摩尔质量对其性能有很大的影响，通过摩尔质量的测定可了解高聚物的性能，并控制聚合条件以获得**优良**产品。高聚物溶液的特点是黏度特别大，原因在于其分子链长度远大于溶剂分子，加上溶剂化作用，使其在流动或有相对运动时，会产生内摩擦阻力。内摩擦阻力越大，表现出来的黏度就越大，而且与聚合物的结构、溶液浓度、溶剂性质、温度以及压力等因素有关。聚合物溶液黏度的变化，一般采用与下列有关的黏度量进行描述。

1. 相对黏度（ η_r ）:

溶剂分子之间的内摩擦表现出来的黏度叫做纯溶剂黏度，记作 η_0。此外，还有高聚物分子相互之间的内摩擦，以及高聚物分子与溶剂分子之间的内摩擦，三者之总和表现为溶液黏度，记作 η。溶液黏度与纯溶剂黏度的比值称为相对黏度：

$$\eta_r = \frac{\eta}{\eta_0} \tag{3.10.1}$$

2. 增比黏度（ η_{sp} ）:

在同一温度下，一般来说， $\eta > \eta_0$。相对于溶剂而言，溶液黏度增加的分数，称为增比黏度：

$$\eta_{sp} = \frac{\eta - \eta_0}{\eta_0} = \eta_r - 1 \tag{3.10.2}$$

3. 比浓黏度 $\left(\dfrac{\eta_{sp}}{C}\right)$ 和比浓对数黏度 $\left(\dfrac{\ln \eta_r}{C}\right)$:

对于高分子溶液，增比黏度 η_{sp} 往往随溶液浓度 C 的增加而增加。为了便于比较，将单位浓度下所显示出的增比浓度，即 $\dfrac{\eta_{sp}}{C}$ 称为比浓黏度，而 $\dfrac{\ln \eta_r}{C}$ 称为比浓对数黏度。

4. 特性黏度（ $[\eta]$ ）:

为了进一步消除高聚物分子之间的内摩擦效应，必须将溶液浓度无限稀释，使得每个高聚物分子彼此相隔极远，其相互干扰可以忽略不计，此时比浓黏度趋近于一个极限值，即有关系式：

$$\lim_{C \to 0} \frac{\eta_{sp}}{C} = \lim_{C \to 0} \frac{\ln \eta_r}{C} = [\eta] \qquad (3.10.3)$$

这一极限值 $[\eta]$ 称为特性黏度，它反映的是无限稀释溶液中高聚物分子与溶剂分子之间的内摩擦力的大小，其值与浓度无关，而是取决于溶剂的性质及高聚物分子的大小和形态。由于 η_r 和 η_{sp} 都是无因次的量，所以 $[\eta]$ 的单位是浓度 C 单位的倒数。

在足够稀的高聚物溶液里，$\dfrac{\eta_{sp}}{C}$ 与 C 和 $\dfrac{\ln \eta_r}{C}$ 与 C 之间分别符合下述经验关系式：

$$\frac{\eta_{sp}}{C} = [\eta] + a[\eta]^2 C \qquad (3.10.4)$$

$$\frac{\ln \eta_r}{C} = [\eta] - b[\eta]^2 C \qquad (3.10.5)$$

上两式中，a 和 b 分别称为哈金斯（Huggins）和 Kramer 常数。（3.10.4）和（3.10.5）式均为线性方程，通过 $\dfrac{\eta_{sp}}{C}$ -C 和 $\dfrac{\ln \eta_r}{C}$ -C 作图，可得两直线，从两直线外推至 $C = 0$ 时所得截距即为 $[\eta]$。显然，对于同一高聚物，由两线性方程作图外推所得截距交于同一点，如图 3.10.1 所示。

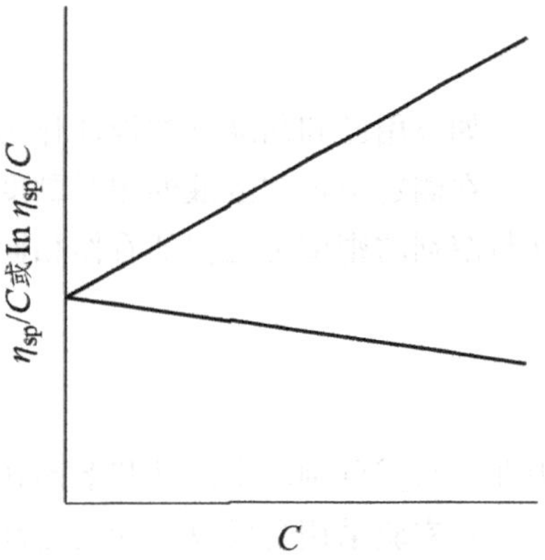

实验证明，当聚合物、溶剂和温度确定以后，$[\eta]$ 的数值只与高聚物的平均摩尔质量 $\bar{M}$ 有关，它们之间的半经验关系可用 Mark-Houwink 方程式表示：

$$[\eta] = K\bar{M}^\alpha \qquad (3.10.6)$$

图 3.10.1　外推法求 $[\eta]$ 图

式中，K 为比例常数，α 是与分子形状有关的经验常数，它们都与温度、高聚物及溶剂性质有关。K 和 α 只能通过一些绝对的实验方法（如膜渗透压法、光散射法等）确定。黏度法只能测定 $[\eta]$ 求算出 $\bar{M}$。

测定高聚物摩尔质量的方法很多，不同方法所得的平均摩尔质量有所不同。比较起来，黏度法设备简单，操作方便，并有很好的实验精度，是常用的方法之一。用该法求得的摩尔质量称为黏均摩尔质量。

测定液体黏度的方法主要有三种：

（1）毛细管法，即采用毛细管黏度计测定液体在毛细管里的流出时间；

（2）落球法，采用落球式黏度计测定圆球在液体里的下落速率；

（3）旋转法，采用旋转式黏度计测定液体与同心轴圆柱体相对转动的情况。

测定高聚物的特性黏度 $[\eta]$ 时，用毛细管法最为方便。当液体在毛细管黏度计内因重力作用而流出时，遵守泊肃叶（Poiseuille）定律：

$$\eta = \frac{\pi h \rho g r^4 t}{8lV} - m\frac{\rho V}{8\pi lt} \qquad (3.10.7)$$

式中，η 为液体黏度（$kg \cdot m^{-1} \cdot s^{-1}$）；$h$ 是流经毛细管液体的平均液柱高度（m）；ρ 为液体密度（$kg \cdot m^{-3}$）；g 为重力加速度（$m \cdot s^{-2}$）；r 为毛细管的半径（m）；l 是毛细管的长度（m）；V 是流经毛细管液体的体积（m^3）；t 为 V 体积液体的流出时间（s）；m 是与仪器的几何形状有关的常数，在 $\frac{r}{l} \ll 1$ 时，可取 $m = 1$。

对某一支指定的黏度计而言，当 $t > 100$ s 时，上式等号右边的第二项可以忽略，即

$$\eta = \frac{\pi h \rho g r^4 t}{8lV} = \frac{\pi p r^4 t}{8lV} \qquad (3.10.8)$$

式中，p 为当液体流动时在毛细管两端间的压力差（$kg \cdot m^{-1} \cdot s^{-2}$），即 $p = \rho g h$。

用同一黏度计在相同条件下测定两个液体的黏度时，它们的黏度之比就等于密度与流出时间之比：

$$\frac{\eta_1}{\eta_2} = \frac{p_1 t_1}{p_2 t_2} = \frac{\rho_1 t_1}{\rho_2 t_2} \qquad (3.10.9)$$

如果用已知黏度 η_1 的液体作为参考液体，则待测液体的黏度 η_2 可通过上式求得。

在测定溶剂和溶液的相对黏度时，如果溶液的浓度不大（$C < 1 \times 10 \, kg \cdot m^{-3}$），溶液的密度与溶剂的密度可近似地看作相同，则：

$$\eta_r = \frac{\eta}{\eta_0} = \frac{t}{t_0} \qquad (3.10.10)$$

因此，只需分别测定溶液和溶剂在毛细管中的流出时间 t 和 t_0，就可求算 η_r。

本实验采用乌氏黏度计测定高聚物聚乙二醇的黏均摩尔质量，聚乙二醇水溶液在不同温度下的 K 和 α 值见表 3.10.1。

表 3.10.1　聚乙二醇在不同温度下的 K 和 α 值（水为溶剂）

温度/°C	$K/10^{-3} dm^3 \cdot kg^{-1}$	α	$\bar{M}/10^4$
25	156	0.50	0.019 ~ 0.1
30	12.5	0.78	2 ~ 500
35	6.4	0.82	3 ~ 700
35	16.6	0.82	0.04 ~ 0.4
45	6.9	0.81	3 ~ 700

三、仪器及试剂

仪器：

乌氏黏度计 1 支；秒表 1 个；恒温槽 1 套；移液管（5 mL、10 mL）2 支；3 号砂芯漏斗 1 个；锥形瓶（100 mL）1 个；吸滤瓶 1 个；洗耳球 1 个；烧杯（50 mL）1 个。

试剂：

聚乙二醇（A.R.），0.03 ~ 0.04 kg/dm³。

实验装置示意图如图 3.10.2 所示。

图 3.10.2　实验测定装置图

四、实验步骤

1. 调节恒温槽温度为 35 ℃。

2. 溶液的配制。

称取聚乙二醇 1 g（称准至 0.001 g），在 25 mL 容量瓶中配成水溶液。配溶液时，要先加入溶剂至容量瓶的 2/3 处，待其全部溶解后恒温 10 min，再用同温度的蒸馏水稀释至刻度。

3. 用锥形瓶取已经砂芯漏斗过滤的蒸馏水约 100 mL 置公用恒温槽中于 35 ℃ 下恒温。

4. 测定溶液的流出时间 t。

取洁净干燥的黏度计，从黏度计 A 管加入 10 mL 聚乙二醇水溶液，用铁架台夹子夹 A 管把黏度计固定好，置于恒温槽中恒温 10 min（注意黏度计应垂直放置，且 G 球及以下部位应泡于恒温水浴中）。用夹子夹紧黏度计 C 管上连接的乳胶管，使其不通大气，用吸耳球由 B 管慢慢抽气，待液体升至 G 球的 1/2 左右即停止抽气，松开 C 管，使其通大气，此时 G 管内液面逐渐下降，达 a 线时打开秒表开始计时，至 b 线时停止计时，记录液体流经 a、b 两线之间所需的时间。重复测定 3 次，每次相差不超过 0.2 ~ 0.3 s，取平均值即为 t_1。

依次分别加入 5 mL、5 mL、10 mL、10 mL 的已恒温蒸馏水进行稀释，按同样方法测定不同浓度溶液的流出时间 t_2、t_3、t_4、t_5。每次稀释时都要先将溶液在 A 球中充分搅匀（用吸球从 B 管鼓气搅拌），再将稀释液抽洗黏度计的毛细管、E 球和 G 球数次，使黏度计内各处溶液的浓度相等，而且须恒温。

5. 测定溶剂的流出时间 t_0。

充分洗净黏度计，可先用热蒸馏水浸洗黏度计，再用自来水、蒸馏水冲洗，黏度计的毛细管也要反复用水抽洗干净。于洁净的黏度计 A 管中加入约 10 mL 已恒温蒸馏水，恒温数分钟，按同样方法测定溶剂的流出时间 t_0。

五、实验注意事项

1. 黏度计须洁净干燥，安装时须垂直。

2. 待测液须达到恒温温度后才可测定。

3. 溶液稀释时须混合均匀，并须将稀释液抽洗黏度计的毛细管、E 球、G 球多次，确保黏度计内各处溶液浓度一致。

4. 测定溶剂的流出时间 t_0 时，须充分洗净黏度计。

六、数据处理

1. 将聚乙二醇的浓度 C、实验测定的溶液和溶剂的流出时间 t 和 t_0、计算得到的 η_r、η_{sp}、$\dfrac{\eta_{sp}}{C}$ 和 $\dfrac{\ln \eta_r}{C}$ 数据列表。

2. 以 $\dfrac{\eta_{sp}}{C}$ 和 $\dfrac{\ln \eta_r}{C}$ 对 C 作图，分别进行线性拟合得两直线，外推至 $C = 0$ 处，求出 $[\eta]$。

3. 将 $[\eta]$ 值代入（3.10.6）式，计算聚乙二醇的摩尔质量 $\bar{M}$。

4. 结果要求：图表符合规范要求，实验数据，线性相关性良好。

七、思考题

1. 乌氏黏度计中的支管 C 的作用是什么？能否去除 C 管改为双管黏度计使用？为什么？

2. 黏度计毛细管的粗细对实验有何影响？

3. 试列举影响黏度准确测定的因素。

【附录 1】 Origin 处理"黏度法测定高聚物的平均摩尔质量"实验数据

计算公式：

$$\eta_r = \frac{\eta}{\eta_0} = \frac{t}{t_0} ; \quad \eta_{sp} = \eta_r - 1$$

1. 打开 Origin：

双击"Origin 7.0"图标，出现"工作表窗口"。

2. 计算后输入高聚物"浓度"数据：

在"A[X]"列中输入浓度数据，写上列标签：双击"A[X]"，出现对话框，在对话框的下部"Column Label"框内输入"$C/$（kg/dm³）"，点击"OK"。

在"A[X]"列的第一格中输入 C_0 值"0.035"，点击第二格选中，再点击菜单命令"柱形图"，在下拉菜单中选择"$\blacksquare$列值设定（V）"，在弹出的对话框中"Col(H) ="处根据算式（2/3）C_0 输入相应的计算式子：0.035*2/3，点击"OK"。同样操作，依次在第三、四、五、六格中分别输入 0.035/2、0.035/3、0.035/4、0 数据。

3. 输入实验记录的"流出时间"数据：

在"B[Y]"列中输入相应的流出时间平均值数据，写上列标签：双击"B[Y]"，在"Column Label"框内输入"t/s"，点击"OK"。

4. 计算后输入"η_r"列数据：

点击图标 $\blacksquare$ 添加 1 列"C[Y]"，写上列标签"η_r"。

计算该列：单击该列顶部选中，再点击菜单命令"柱形图"，在下拉菜单中选择"$\blacksquare$列值设定（V）"，在弹出的对话框中"Col(H) ="处根据算式 $\eta_r = \dfrac{t}{t_0}$ 输入相应的计算式子：col(B)/（t_0 的具体数据），点击"OK"。

5. 计算后输入"η_{sp}"列数据：

点击图标 $\blacksquare$ 添加 1 列"D[Y]"，写上列标签"η_{sp}"。

计算该列：单击该列顶部选中，再点击菜单命令"柱形图"，在下拉菜单中选择"$\blacksquare$列值设定（V）"，在弹出的对话框中"Col(H) ="处根据算式 $\eta_{sp} = \eta_r - 1$ 输入相应的计算式子：col(C) - 1，点击"OK"。

6. 计算后输入"$\dfrac{\eta_{sp}}{C}$"列数据：

点击图标 $\blacksquare$ 添加 1 列"E[Y]"，写上列标签"$\dfrac{\eta_{sp}}{C}$"。

计算该列：单击该列顶部选中，再点击菜单命令"柱形图"，在下拉菜单中选择"$\blacksquare$列值设定（V）"，在弹出的对话框中"Col(H) ="处根据算式 $\dfrac{\eta_{sp}}{C}$ 输入相应的计算式子：col(D)/col(A)，点击"OK"。

7. 计算后输入"$\dfrac{\ln \eta_r}{C}$"列数据：

点击图标 $\blacksquare$ 添加 1 列"F[Y]"，写上列标签"$\dfrac{\ln \eta_r}{C}$"。

计算该列：单击该列顶部选中，再点击菜单命令"柱形图"，在下拉菜单中选择"$\blacksquare$列值设定（V）"，在弹出的对话框中"Col(H) ="处根据算式 $\dfrac{\ln \eta_r}{C}$ 输入相应的计算式子：ln(col(C)) / col(A)，点击"OK"。

8. 绘图并进行线性拟合：

以 C 为横坐标，$\dfrac{\eta_{sp}}{C}$ 及 $\dfrac{\ln \eta_r}{C}$ 为纵坐标。

（1）作描点图：单击"E[Y]"$\left(\text{即}\dfrac{\eta_{sp}}{C}\text{列}\right)$和"F[Y]"$\left(\text{即}\dfrac{\ln\eta_r}{C}\text{列}\right)$顶部选中，点击按钮，得一描点图。

（2）使横坐标从 0 开始：对横坐标双击打开一对话框，在起始值处改为"0"，点击"确定"。

（3）对两组数据分别进行线性拟合：

由于要求外推值，须将直线外推，选择"使用拟合工具拟合"。操作方法是：点击"工具（Tools）"，在下拉菜单中选择"线性拟合（Linear Fit）"，在打开的线性拟合对话框中点击"Settings"选项卡，把"范围（Range）"中的数值增大，再点击"Operation"选项卡返回原线性拟合对话框，点击"拟合（Fit）"，即可使拟合直线外推延长。对第二组数据拟合：点击"数据（Data）"，选中要拟合的第 2 组数据，再点击"拟合（Fit）"，即可将第 2 组数据线性拟合及外推延长。

（4）读取[η]值：单击屏幕读取工具图标，再把鼠标移到图中两直线在 $C=0$ 的交点处点击，则在"Data Display"工具上显示该选定点的 X、Y 坐标值，Y 值即是[η]值；再用文本工具 T 把[η]值写入图中。

（5）写上坐标轴的变量及单位等，把图复制到 Word 文档。

最后把工作表数据以"截图"的形式复制到 Word 文档，再通过"图片工具栏"中的"裁剪"工具进行按需裁剪。把图和工作表表格排版好，写上必要条件、信息等，即可打印。

实验 11　电导法测定表面活性剂的临界胶束浓度

一、实验目的

1. 学会用电导法测定离子型表面活性剂的临界胶束浓度。
2. 了解表面活性剂的特性及胶束形成原理，了解电导法测定表面活性剂临界胶束浓度的原理。

二、实验原理

一定条件下的任何纯液体都具有一定的表面张力。当液体中溶解有某种物质时，溶液的表面张力因溶质的加入而发生变化，一些无机盐和糖类物质可使液体的表面张力略有升高；而一些有机酸、醇、醛则可使液体的表面张力略有下降；当在溶液中加入肥皂、洗衣粉等时，可使液体的表面张力产生显著的下降。凡能使液体表面张力下降的物质都是表面活性物质，使液体表面张力降低的性质则称为表面活性。但只有那些能使表面张力明显下降的物质被称为表面活性剂。表面活性剂除能降低表面张力外，还具有渗透、增溶、乳化、润湿、去污、分散、杀菌、消泡和起泡等性质。这是它与一般表面活性物质的重要区别。这些性质被广泛应用于石油、煤炭、机械、化学、冶金材料及轻工业、农业生产中，因此研究表面活性剂溶液的物理化学性质——表面性质（吸附）和内部性质（胶束形成）有着重要的意义。

由具有明显的两亲性质的分子组成的物质称为表面活性剂，这一类分子既含有亲油的足够长的（大于 10～12 个碳原子）烃基，又含有亲水的极性基团（通常是离子化的），如肥皂和各种合成洗涤剂等。表面活性剂分子都是由极性部分和非极性部分组成的，若按离子的类型分类，可分为三大类：

（1）阴离子型表面活性剂，如羧酸盐（肥皂，$C_{17}H_{35}COONa$），烷基硫酸盐（十二烷基硫酸钠，$CH_3(CH_2)_{11}SO_4Na$），烷基磺酸盐（十二烷基苯磺酸钠，$CH_3(CH_2)_{11}C_6H_5SO_3Na$）等。

（2）阳离子型表面活性剂，主要是胺盐，如十二烷基二甲基叔胺（$RN(CH_3)_2HCl$）和十二烷基二甲基氯化胺（$RN(CH_3)_2Cl$）。

（3）非离子型表面活性剂，如聚氧乙烯类（$R—O—(CH_2CH_2O)_nH$）。

表面活性剂溶入水中后，在低浓度时呈分子状态，其亲水端与水吸引，亲油端倾向于漂出水面，并随着表面活性剂加入量增多，会在水相液面形成单分子层排布，以降低溶液表面能；表面吸附饱和后，继续增加表面活性剂浓度，表面活性剂分子已不能再进入溶液的表面层，在溶液中的表面活性剂为了能稳定存在，其非极性部分会互相吸引，即形成把亲油基团三三两两地靠拢在一起，亲水基团向外的分子团而分散在水中。随着表面活性剂浓度的继续增大，这种分子团也增大，直至形成球状、棒状或层状的"胶束"。当胶束长大到完全封闭亲油基团时，胶束与水几乎不存在排斥作用，从而可以稳定存在于水相中。表面活性物质在水中开始形成胶束所需的最低浓度称为临界胶束浓度（critical micelle concentration），简称CMC。CMC可看作是表面活性剂对溶液的表面活性的一种量度，因为CMC越小，表示此种表面活性剂形成胶束所需浓度越低，达到表面饱和吸附的浓度越低。也就是说，只要很少的表面活性剂就可起到润湿、乳化、加溶、起泡等作用。在CMC点上，由于溶液的结构改变导致其物理及化学性质（如表面张力、电导性质、渗透压、浊度、光学性质、增溶作用、去污能力等）同浓度的关系曲线出现明显的转折，如图 3.11.1 所示。这个现象是测定 CMC 的实验依据，也是表面活性剂的一个重要特征。因此，用适当的方法测定溶液的这些物理及化学性质随表面活性剂浓度变化的数值并绘制曲线，可以通过曲线拐点求出表面活性剂的 CMC。

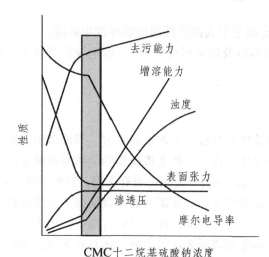

CMC十二烷基硫酸钠浓度

图 3.11.1　十二烷基硫酸钠水溶液的物理性质和浓度的关系

测定 CMC 的方法很多，常用的有表面张力法、电导法、染料法、增溶作用法和光散射法等。其中表面张力法和电导法比较简便准确。表面张力法除了可求得 CMC 外，还可求出表面吸附等温线，并且此法不受无机盐的干扰，也适用于非离子型表面活性剂的测定：无论对高表面活性还是低表面活性的表面活性剂，其 CMC 的测定都具有相似的灵敏度。

十二烷基硫酸钠为离子型表面活性剂，本实验采用电导法测定不同浓度的十二烷基硫酸钠水溶液的电导率（也可换算成摩尔电导率），并绘制电导率（或摩尔电导率）与浓度的关系曲线，由曲线的转折点求出其 CMC 值。

三、仪器及试剂

仪器：

DDSJ-308A 型电导率仪 1 台；电导电极 1 支；移液管（5 mL、10 mL）2 支；恒温槽 1 套；锥形瓶（100 mL）2 个；容量瓶（100 mL）12 只；洗耳球 1 个。

试剂： 十二烷基硫酸钠（A.R.）。

四、实验步骤

1. 取十二烷基硫酸钠在 80 ℃烘干 3 h，用电导水或重蒸馏水准确配制浓度为 0.2 mol·L^{-1} 的储备液。再以此准确依次配制浓度梯度为 0.002，0.004，0.006，0.007，0.008，0.009，0.010，0.012，0.014，0.016，0.018，0.020 mol·L^{-1} 的十二烷基硫酸钠溶液各 100 mL。

2. 打开恒温水浴调节温度至 30 ℃或其他合适温度。开通电导率仪预热。

3. 用电导率仪由稀到浓分别测定上述各溶液的电导率值。每次测量前都要用待测溶液荡洗电极和锥形瓶 2~3 次，各溶液测定时必须恒温 10 min，每个溶液的电导率读数 3 次，取平均值。列表记录各溶液对应的电导率值。

4. 实验结束后洗净电极和锥形瓶。

五、实验注意事项

1. 电极不使用时应浸泡在蒸馏水中，用时用滤纸轻轻揾干水分，不可用纸擦拭电极上的铂黑（以免影响电导池常数）。

2. 电极在使用过程中其铂黑部分必须完全浸入到所测的溶液中。

3. 电导法测定表面活性剂电导率，过量无机盐使其灵敏度下降，故配制溶液时使用电导水。

4. 配制溶液时，必须保证表面活性剂完全溶解，并要尽量避免产生较多的泡沫而无法准确定容，影响浓度的准确性。

5. CMC 浓度有一定的范围，不一定是一个具体数值。

六、数据记录与处理

1. 计算各浓度的十二烷基硫酸钠水溶液的电导率和摩尔电导率。

2. 将数据列表，做 $\kappa\text{-}c$ 图与 $\Lambda_m\text{-}\sqrt{c}$ 图，由曲线转折点确定临界胶束浓度 CMC 值。

七、思考题

1. 若要知道所测得的临界胶束浓度是否准确，可用什么实验方法验证之？

2. 非离子型表面活性剂能否用本实验方法测定临界胶束浓度？若不能，则可用何种方法测之？

3. 试说出电导法测定临界胶束浓度的原理。

4. 实验中影响临界胶束浓度的因素有哪些？

八、讨　论

表面活性剂的渗透、润湿、乳化、去污、分散、增溶和起泡作用等基本原理广泛应用于石油、煤炭、机械、化工、冶金、材料及轻工业、农业生产中，研究表面活性剂溶液的物理溶液化学性质（吸附）和内部性质（胶束形成）有着重要意义。而临界胶束浓度（CMC）可以作为表面活性剂的表面活性的一种量度，因为 CMC 越小，表示这种表面活性剂形成胶束所需浓度越低，达到表面（界面）饱和吸附的浓度越低，因而改变表面性质起到润湿、乳化、增溶和起泡等作用所需的浓度越低。另外，临界胶束浓度又是表面活性剂溶液性质发生显著变化的一个"分水岭"。因此，表面活性剂的大量研究工作都与各种体系中的 CMC 测定有关。

测定 CMC 的方法很多，常用的有表面张力法、电导法、染料法、增溶作用法、光散射法等。这些方法的原理都是从溶液的物理化学性质随浓度变化关系出发求得，其中表面张力和电导法比较简便准确。表面张力法除了可求得 CMC 之外，还可以求出表面吸附等温线。

此外它还有一优点，就是无论对高表面活性还是低表面活性的表面活性剂，其 CMC 的测定都具有相似的灵敏度。此法不受无机盐的干扰，也适合非离子表面活性剂。而电导法是经典方法，简便可靠，只限于离子性表面活性剂。此法对于有较高活性的表面活性剂准确性高，但过量无机盐存在会降低测定灵敏度，因此配制溶液应该用电导水。

【附录 1】　Origin 处理"电导法测定表面活性剂的临界胶束浓度"实验数据

1. 打开 Origin：

双击"Origin 7.0"图标　，出现"工作表窗口"。

2. 输入浓度 C 和电导率 G 实验数据：

在"A[X]"列中输入浓度数据，写上列标签：双击"A[X]"，出现对话框，在对话框的下部"Column Label"框内输入"C（mol/L）"，点击"OK"。

在"B[Y]"列中输入相应的电导率数据，写上列标签：双击"B[Y]"，在"Column Label"框内输入"G（μs/cm）"，点击"OK"。

3. 作 G-C 图：

（1）作描点图：单击"B[Y]"列顶部选中，点击　按钮，得一描点图。

（2）拟合左右两条直线：点击数据范围选取工具　，数据点两端出现两个　标志，鼠标对着右端要移动的标志，按下鼠标并拖动使该标志移动到所选取的数据时，松开鼠标，点击工具栏中的　，即选定了左边的一段数据。再点击菜单栏中"Tools（工具）"→"Linear Fit（线性拟合）"，出现对话框，点击"Settings"，在"Range（范围）"中输入"200"（若直线不够长，可输入更大的数值），再点击"Operation"→"Fit"，就可得到一条拟合直线，然后再点击菜单栏中"Data（数据）"→"Reset to Full Range（数据标记）"，去掉钩标记。对右边的一段数据以同样的操作进行直线拟合。

（3）读取两直线的交点，即是 CMC 值：点击屏幕数据读取工具　，移至交点处对准交点点击，"数据显示坐标工具"上即显示出该点的坐标值，记下 X 值，点击文字工具　，在交点附近点击，输入 X 值，即可把该点的 X 值写入图中。

（4）坐标轴的标注：双击坐标轴下的"X Axis"或"Y Axis"，写入相应的变量及单位，数字及英文字母选择"Times New Roman"字体，汉字及希腊字母选择"宋体"字体，变量用"斜体"表示，改大坐标轴字体等，完善图形。

4. 复制图形和数据：

（1）复制图形到 Word 文档中：在图形窗口下，点击"Edit（编辑）"→"Copy（复制页面）"，另打开 Word 文档，点击"粘贴"，图形即可复制到 Word 文档中。

（2）复制数据表格到 Word 文档中：在工作表数据窗口中，使数据全部显示于界面上，按下键盘中的"PrtSc SysRq（复制屏幕）"按钮，回到 Word 文档中点"粘贴"，数据表格即以"影印"的形式复制到 Word 文档中，再通过"图片工具栏"中的"裁剪"工具进行按需裁剪。

把图形和数据表格排版好，写上必要条件、信息等，即可打印。

实验 12 磁化率的测定

一、实验目的

1. 掌握古埃（Gouy）法测定磁化率的原理和方法。

2. 测定三种络合物的磁化率，求算未成对电子数，判断其配键类型。

二、实验原理

物质在外磁场的作用下，会被磁化并感应产生一个附加磁场，其磁场强度 H^+ 与外磁场强度 H 之和称为该物质的磁感应强度 B，即

$$B = H + H^+ \tag{3.12.1}$$

H^+ 与 H 方向相同的叫顺磁性物质，相反的叫逆磁性物质。还有一类物质如铁、钴、镍及其合金，H^+ 比 H 大得多（H^+/H 高达 10^4），而且附加磁场在外磁场消失后并不立即消失，这类物质称为铁磁性物质。

物质的磁化可用磁化强度 M 来描述，它与外磁场强度 H 成正比

$$M = \chi H \tag{3.12.2}$$

式中，χ 为物质的单位体积磁化率（简称磁化率），是物质的一种宏观磁性质。在化学中常用单位质量磁化率 χ_m 或摩尔磁化率 χ_M 表示物质的磁性质，它的定义是：

$$\chi_m = \chi / \rho \tag{3.12.3}$$

$$\chi_M = M \cdot \chi_m = M \cdot \chi / \rho \tag{3.12.4}$$

式中，ρ 和 M 分别是物质的密度和摩尔质量。由于 χ 是无量纲的量，所以 χ_m 和 χ_M 的单位分别是 m^3/kg 和 m^3/mol。磁感应强度国际单位是特斯拉（T），而过去习惯使用的单位是高斯（G），$1\ T = 10000\ G$。

物质的磁性与组成它的原子、离子或分子的微观结构有关，在逆磁性物质中，由于电子自旋已配对，故无永久磁矩。但是内部电子的轨道运动，在外磁场作用下产生的拉摩进动，会感生出一个与外磁场方向相反的诱导磁矩，所以表示出逆磁性，其 χ_M 就等于逆磁化率 χ_0，且 $\chi_M < 0$。在顺磁性物质中，存在自旋未配对电子，所以具有永久磁矩。在外磁场中，永久磁矩顺着外磁场方向排列，产生顺磁性。顺磁性物质的摩尔磁化率 χ_M 是摩尔顺磁化率（χ_μ）与摩尔逆磁化率（χ_0）之和，即

$$\chi_M = \chi_\mu + \chi_0 \tag{3.12.5}$$

通常 χ_μ 比 χ_0 大 1～3 个数量级，所以这类物质总表现出顺磁性，其 $\chi_M > 0$。可见物质在外磁场作用下的磁化有以下三种情况：

（1）$\mu < 0$，$\chi_M < 0$，这类物质称为逆磁性物质。（电子自旋已配对）

（2）$\mu > 0$，$\chi_M > 0$，这类物质称为顺磁性物质。（具有自旋未配对电子）

（3）χ_M 随磁场强度的增加而剧烈增加，往往伴有剩磁现象，这类物质称为铁磁性物质。

顺磁化率与分子永久磁矩的关系服从居里定律：

$$\chi_\mu = \frac{L\mu_m^2\mu_0}{3kT} = \frac{C}{T} \quad\quad (3.12.6)$$

式中，L 为阿伏伽德罗常数（$L = 6.02 \times 10^{23}/\text{mol}$）；$k$ 为玻耳兹曼常数（$k = 1.3806 \times 10^{-23} \text{ J/K}$）；$T$ 为热力学温度（K）；μ_0 为真空磁导率（$\mu_0 = 4\pi \times 10^{-7} \text{N/A}^2$）；$\mu_m$ 为分子永久磁矩。物质的摩尔顺磁化率与热力学温度成反比这一关系，是居里在实验中首先发现的，所以该式称为居里定律，C 称为居里常数。由此可得

$$\chi_M = \frac{L\mu_m^2\mu_0}{3kT} + \chi_0 \quad\quad (3.12.7)$$

由于 χ_0 不随温度变化（或变化极小），所以只要测定不同温度下的 χ_M 对 $1/T$ 作图，截距即为 χ_0，由斜率可求 μ_m。由于 χ_0 比 χ_μ 小得多，所以在不很精确的测量中可忽略 χ_0 作近似处理：

$$\chi_M = \frac{L\mu_m^2\mu_0}{3kT} \qu\quad\quad (3.12.8)$$

原子、离子、分子中具有自旋未配对电子的物质都是顺磁性物质，这些不成对电子的自旋产生了永久磁矩 μ_m。顺磁性物质的永久磁矩 μ_m 与未成对电子数 n 的关系可用下式表示：

$$\mu_m = \mu_B\sqrt{n(n+2)} \quad\quad (3.12.9)$$

式中，μ_B 为玻尔磁子（$\mu_B = 9.274 \times 10^{-24} \text{A} \cdot \text{m}^2$），是一个很重要的物理量，表示单个自由电子在自旋时所产生的磁矩。

由式（3.12.9）可得到：

$$n = -1 + \sqrt{1 + \mu_m^2} \quad\quad (3.12.10)$$

（3.12.6）式将物质的宏观性质 χ_M 与微观性质 μ_m 联系在一起。由实验测定物质的 χ_M，根据（3.12.8）式可求得物质的永久磁矩 μ_m，进而由（3.12.10）式计算未配对电子数 n。这些结果对于研究原子或离子的电子结构，判断络合物分子的配键类型是很有意义的。

根据物质结构理论，配合物中中心离子（或原子）与其配位体之间是以配位键形式结合在一起的。在配位键中，又可分为两类：中心离子与配位体之间依靠静电库仑力结合形成的化学键叫电价配键。在电价配键中，中心离子的电子结构不受配体影响，而与自由离子时基本相同。成键时，中心离子提供最外层的空价电子轨道接受配体给予的成键电子。另一类配位键称为共价配键。在共价配合物中，中心离子空的价电子轨道接受配体的孤对电子形成共价配键。在形成共价配键的过程中，中心离子为了尽可能多地成键，常常要进行电子重排，以空出更多的价电子轨道来容纳配位体的孤对电子。现以 Fe^{2+} 离子为例，说明两种成键方式。

图 3.12.1 为 Fe^{2+} 在自由状态时外层电子构型：

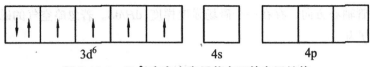

图 3.12.1 Fe²⁺ 在自由离子状态下的电子结构

当 Fe^{2+} 与 6 个水配位体形成水合络离子$[Fe(H_2O)_6]^{2+}$时，将以电价形式形成电价配合物。即在成键时，不影响 Fe^{2+} 离子原来的电子构型，H_2O 的孤对电子分别充入由一个 4s 轨道，三个 4p 轨道和两个 4d 轨道杂化而成的六个 sp^3d^2 杂化轨道中，形成一正八面体构型的配合物。这类络合物，又称为外轨型配合物。但当 Fe^{2+} 离子与 6 个 CN^- 离子形成$[Fe(CN)_6]^{4-}$络离子时，Fe^{2+} 离子外层电子首先要进行重排，以空出尽可能多的价电子轨道，重排后的价电子构型见图 3.12.2：

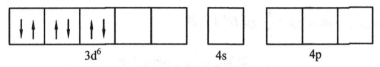

图 3.12.2 $[Fe(CN)_6]^{4-}$ 中 Fe²⁺ 的 d²sp³ 杂化轨道

6 个 d 电子集中在 3 个 d 轨道上，空出 2 个 d 轨道，与空的 s 和 p 轨道进行杂化，形成 d^2sp^3 的 6 个杂化轨道，以接受 6 个 CN^- 离子提供的 6 对孤对电子，形成 6 个共价配键，电子自旋全部配对，是逆磁性物质。这种类型的配合物又称为内轨型配合物，其空间构型也为正八面体。

从上面的讨论可知，共价配键配合物与电价配键配合物相比具有较少的未成对电子（有时甚至为 0，如上例）。所以，如果知道了配合物的磁化率，就可以根据式（3.12.8）和（3.12.10）求得未成对电子数，从而判别配合物是属于共价型还是电价型。本实验就是通过测量物质的磁化率，以判别配合物的构型。

磁化率的测量方法很多，常用的有古埃法、昆克法和法拉第法等。本实验采用古埃法，其测量原理见图 3.12.3 所示：

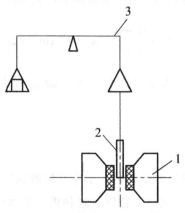

图 3.12.3 古埃磁天平示意图

1—磁铁；2—样品管；3—电光天平

将装有样品的平底玻璃管悬挂在天平的一端，样品的底部处于永磁铁两极中心，此处磁场强度最强。样品的另一端应处在磁场强度可忽略不计的位置，此时样品管处于一个不均匀

磁场中,沿样品管轴心方向,存在一个磁场强度梯度 dH/dS。若忽略空气的磁化率,则作用于样品管上的力 f 为

$$f = \int_0^H \chi\mu_0 AH dS \frac{dH}{dS} = \frac{1}{2} \cdot \chi\mu_0 H^2 A \qquad (3.12.11)$$

式中,A 为样品管的截面面积。

设空样品管在不加磁场与加磁场时称量分别为 $m_{空管(I_0)}$ 与 $m_{空管(I)}$,样品管装样品后在不加磁场与加磁场时称量分别为 $m_{空管+样品(I_0)}$ 与 $m_{空管+样品(I)}$,则

$$\Delta m_{空管\,(I)} = m_{空管\,(I)} - m_{空管\,(I_0)}, \quad \Delta m_{样品+空管\,(I)} = m_{样品+空管(I)} - m_{样品+空管\,(I_0)}$$

因 $f = (\Delta m_{样品+空管} - m_{空管}) \cdot g = \frac{1}{2} \cdot \chi\mu_0 H^2 A$,故

$$\chi = \frac{2(\Delta m_{样品+空管} - \Delta m_{空管}) \cdot g}{H^2 A} \qquad (3.12.12)$$

由于 $\chi_M = \dfrac{M\chi}{\rho}$,$\rho = \dfrac{m}{hA}$,得

$$\chi_M = \frac{2(\Delta m_{样品+空管} - \Delta m_{空管}) \cdot g \cdot h \cdot M}{\mu_0 \cdot m \cdot H^2} \qquad (3.12.13)$$

式中,M 为样品的摩尔质量(kg/mol);h 为样品的实际高度(m);g 为重力加速度(9.8 m/s^2);m 为无外加磁场时样品的质量(即 $I = 0$ 时所测之量):$m_{样品} = m_{样品+管(I_0)} - m_{空管(I_0)}$(kg);$\mu_0$ 为真空磁导率 $\mu_0 = 4\pi \times 10^{-7}$ N/A^2;H 为磁场两极中心处的磁场强度,可用高斯计直接测量,也可用已知质量磁化率的标准样品间接标定。本实验采用莫尔氏盐进行标定,其质量磁化率为:

$$\chi_m = \frac{9\,500}{T+1} \times 4\pi \times 10^{-9} \quad (\text{m}^3/\text{kg}) \qquad (3.12.14)$$

式中,$T(\text{K}) = $ 室温($^\circ$C)+ 273.15;摩尔磁化率为 $\chi_M = M\chi_m$ (m^3/mol)。

三、仪器及试剂

仪器:

CTP-1 型电磁天平 1 台;分析天平 1 台;平底有机玻璃样品管 1 支;台秤 1 个;装样品工具 1 套。(包括研钵、角匙、小漏斗、竹针、脱脂棉、玻璃棒、橡皮垫等)

试剂:

莫尔氏盐(NH$_4$)$_2$SO$_4$·FeSO$_4$·6H$_2$O(A.R.);K$_4$Fe(CN)$_6$·3H$_2$O(A.R.);FeSO$_4$·7H$_2$O(A.R.)。

磁化率测定的装置示意图如图 3.12.4 所示。

图 3.12.4　磁化率测定的装置示意图

上为分析天平；下为磁天平。

四、实验步骤

磁天平中磁场由电磁铁产生，电磁铁通过调节励磁电流来改变磁场强度，调节范围大，但要求励磁电流极其稳定。为使测定时的励磁电流稳定及防止突然停电对仪器的损坏，可使用具有交流稳压的 UPS 不间断电源，作为磁天平电源；样品管悬挂在中心轴位置，天平工作无绊无擦。准确的磁场强度应用莫尔氏盐进行标定。以后每次测量样品时，不得变动两磁极间的距离，否则要重新标定。

1. 用高斯计测量磁场强度和测定空样品管的质量。

开启磁天平电源开关，缓慢调节电流逐渐升至 2.0 A，预热老化 10 min。

取一只清洁、干燥的空样品管挂在天平下，使样品管处在两磁极中心位置，样品管底部正好与磁极水平中心线齐平，样品管不能与磁极有任何摩擦（一般应左右距离相等）。分析天平无须进行零点校正。先将励磁电流 I 调为"0"，并对磁感应强度"清零"，称出空样品管的质量 $m_{空管(I_0)}$；然后缓缓调大励磁电流为 1.5 A，稍为停顿，读取及记录磁感应强度 B_1 值，称空样品管质量 $m_{空管(I_1)}$；再缓缓调励磁电流至 2.5 A，稍停顿，记录磁感应强度 B_2 值，称空样品管质量 $m_{空管(I_2)}$；再缓缓调励磁电流至 3.5 A，然后将励磁电流反方向往小缓缓调至 2.5 A，稍停顿，记录磁感应强度 B_2' 值，称空样品管质量 $m_{空管(I_2)}'$；再缓缓调励磁电流至 1.5 A，稍停顿，记录磁感应强度 B'_1 值，称空样品管质量 $m'_{空管(I_1)}$；再缓缓调励磁电流至 0 A，稍停顿，称空样品管质量 $m'_{空管(I_0)}$。每次称量 2 次，取平均值。

注意：在操作过程中，不要用手、脚、胳膊或身子碰挤或挪动操作台和天平。

2. 用莫尔氏盐标定磁场强度。

将预先用研钵研细的莫尔氏盐通过小漏斗装入样品管，边装边用样品管底部敲击橡皮垫，使粉末样品均匀填实，上下一致，端面平整。样品高度以 15 cm 左右为宜，用直尺准确量出样品的高度 h（精确到毫米）并记录。将装有样品的样品管于台秤上粗称后，再用磁天平准确称量：在励磁电流分别为 0 A（即无磁场）、1.5 A、2.5 A 时称量；然后缓缓将励磁电流调至 3.5 A，再反方向往小缓缓调至 2.5 A、1.5 A、0 A 时称量。每次称量 2 次，取平均值。

测定完毕，用竹针或不锈钢针将样品松动，倒入回收瓶，然后用脱脂棉擦净内外壁备用。记下实验温度（实验开始、结束时各记一次温度，取平均值 ）。

3. 测定 $FeSO_4 \cdot 7H_2O$ 的质量。

在同一样品管中，装入 $FeSO_4 \cdot 7H_2O$，同上述步骤 2 方法测量。

4. 测定 $K_4Fe(CN)_6 \cdot 3H_2O$ 的质量。

在同一样品管中，装入 $K_4Fe(CN)_6 \cdot 3H_2O$，同上述步骤 2 方法测量。

5. 关机。

实验完毕后，先将励磁电流调至 0 后，再关闭磁天平电源和稳压电源。

五、实验注意事项

（1）励磁电流 I 由小到大，再由大到小测定，是为了抵消实验时磁场剩磁现象的影响。

（2）励磁电流的升降应平稳、缓慢，若升降不是很慢，剩磁现象会带来称量误差。

（3）天平称量时，必须关上磁极架外面的玻璃门，以免空气流动对称量的影响；读数要迅速，等天平光点稳定后，立刻读数；称量后应及时关闭天平（将盘托起），采用中值试探法称量。

（4）样品管应清洁干燥（若有杂质使测定结果误差较大），垂直悬挂，底部处于磁场中部，样品应处于两磁极的中心位置、磁场强度前后一致的地方。

（5）挂样品管的悬线不要与任何物体接触，加外磁场后，应检查样品管是否与磁极相碰。

（6）样品要研细，填装入样品管时要均匀紧密，上下一致，端面平整，高度测量准确（约 15 cm 高，精确到 mm ）。若样品装填不实和被测物质失去结晶水，会引起所测摩尔磁化率的增大。

（7）铁磁性物质制成的工具，如镍制刮勺、铁锉刀、镊子等，不能接触样品，否则会因混入其碎屑而产生较大的误差。

（8）关闭电源开关前，必须先将电流 I 缓慢调至 0，再关闭电源开关。严禁在负载时突然切断电源，否则会产生强大的反电动势而使磁天平损坏。

六、数据处理

1. 实验数据按表 3.12.1 记录：

表 3.12.1

实验数据记录：　　　　　　　　　　室温：

励磁电流 I	0 (I_0)	1.5 A (I_1)	2.5 A (I_2)
磁感应强度 B（mT）	清零		
平均值 $\overline{B}$			
$m_{空管}$			
平均值 $\overline{m}_{空管}$			
$m_{莫尔氏盐+管}$			
$\overline{m}_{莫尔氏盐+空管}$			
$m_{FeSO_4 \cdot 7H_2O+管}$			
$\overline{m}_{FeSO_4 \cdot 7H_2O+管}$			
$m_{K_4Fe(CN)_6 \cdot 3H_2O}$			
$\overline{m}_{K_4Fe(CN)_6 \cdot 3H_2O}$			

2. 根据公式 $H = \dfrac{\overline{B}}{\mu_0}$ 计算高斯计测量的外磁场强度 H。

[注意：磁感应强度 B 的单位要由毫特斯拉（mT）化为特斯拉（T）]

3. 计算用莫尔氏盐标定的 H^2 及 H：

根据公式 $\chi_m = \dfrac{9500}{T+1} \times 4\pi \times 10^{-9} \,(\text{m}^3/\text{kg})$ 及 $\chi_M = M\chi_m$ 计算出莫尔氏盐的摩尔磁化率，再根据

公式 $H^2 = \dfrac{2(\Delta m_{样品+空管} - \Delta m_{空管}) \cdot g \cdot h \cdot M}{\mu_0 \cdot m \cdot \chi_M}$ 分别计算 $H_{I_1}^2$、$H_{I_2}^2$ 及 H_{I_1}、H_{I_2}。其中：

$$\Delta m_{样品+空管\,(I_1)} = \overline{m}_{样品+空管\,(I_1)} - \overline{m}_{样品+空管\,(I_0)}$$

$$\Delta m_{样品+空管\,(I_2)} = \overline{m}_{样品+空管\,(I_2)} - \overline{m}_{样品+空管\,(I_0)}$$

4. 根据公式 $\chi_M = \dfrac{2(\Delta m_{样品+空管} - \Delta m_{空管}) \cdot g \cdot h \cdot M}{\mu_0 \cdot m \cdot H^2}$ 计算 $FeSO_4 \cdot 7H_2O$ 的摩尔磁化率。

5. 根据公式 $\chi_M = \dfrac{2(\Delta m_{样品+空管} - \Delta m_{空管}) \cdot g \cdot h \cdot M}{\mu_0 \cdot m \cdot H^2}$ 计算 $K_4Fe(CN)_6 \cdot 3H_2O$ 的摩尔磁化率。（同

一物质两个电流下的 χ_M 取平均值）

6. 由 5 的计算结果，若 $\chi_M > 0$，则根据式 $\mu_m^2 = \dfrac{3kT\chi_M}{L\mu_0}$ 求出 μ_m^2，由 $\mu_m = \sqrt{n(n+2)} \cdot \mu_B$ 得 $n^2 + 2n - \dfrac{\mu_m^2}{\mu_B^2} = 0$，求出 n 值；若 $\chi_M < 0$，则 $\mu_m = 0$，$n = 0$。

7. 根据 n 值，讨论 $FeSO_4 \cdot 7H_2O$ 及 $K_4Fe(CN)_6 \cdot 3H_2O$ 中 Fe^{2+} 的最外层电子结构及配键类型。

七、思考题

1. 本实验在测定 X_M 时做了哪些近似处理？

2. 在不同磁场强度下，测得的样品的 Δm 和摩尔磁化率 χ_M 是否相同？为什么？

3. 为什么要用莫尔氏盐来标定磁场强度？

4. 分析影响测定 χ_M 值的各种因素。

5. 实验时，样品装得不实，且不均匀或者样品量太少，对实验结果是否有影响？为什么？

6. 为什么实验测得各样品的 μ_m 值比理论计算值稍大些？（提示：公式 $\mu_m = \sqrt{n(n+2)} \cdot \mu_B$ 是仅考虑顺磁化率由电子自旋运动贡献的，实际上轨道运动对某些中心离子也有少量贡献，Fe^{2+} 就是一例，从而使实验测得的 μ_m 值偏大，计算得到的 n 值也比实际的不成对电子数稍大）。

【附录 1】　CTP-Ⅰ磁天平的构造和使用方法

古埃（Gouy）磁天平的特点是结构简单，灵敏度高。用古埃磁天平测量物质的磁化率，进而求得永久磁矩和未成对电子数，这对研究物质结构有着重要的意义。

1. 仪器的结构及使用。

（1）CTP-Ⅰ型古埃磁天平结构。

如图 3.12.5 所示，它由电磁铁、稳流电源、数字式毫特斯拉计、照明等构成。该仪器主要技术指标参考如下：磁极直径 40 mm；磁隙宽度 0 ~ 40 mm；磁场稳定度优于 0.01 h^{-1}；励磁电流工作范围 0 ~ 10 A；励磁电流工作温度 < 60°；功率总消耗约 300 W。

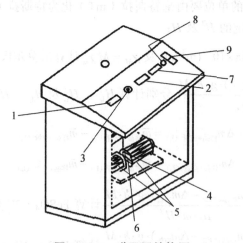

图 3.12.5　磁天平结构图

1—电流表；2—特斯拉计；3—励磁电流调节旋钮；4—样品管；5—电磁铁；
6—霍尔探头；7—清零；8—校正；9—电源开关

（2）磁场。

仪器的磁场由电磁铁构成，磁极材料用软铁，在励磁线圈中无电流时，剩磁为最小。磁极端为双截锥的圆锥体，极的端面须平滑均匀，使磁极中心磁场强度尽可能相同。磁极间的距离连续可调，便于实验操作。

（3）稳流电源。

励磁线圈中的励磁电流由稳流电源供给。电源线路设计时，采用了电子反馈技术，可获得很高的稳定度，并能在较大幅度范围内任意调节其电流强度。

（4）分析天平（自配）。

CTP-Ⅰ型古埃磁天平需自配分析天平。在作磁化率测量中，常配电子天平。在安装时，将电子天平底部中间的一螺丝拧开，里面露出一挂钩，将一根细的尼龙线一头系在挂钩上，另一头与样品管连接。

注：电子天平底部带挂钩。

（5）样品管。

样品管由有机玻璃管制成，内径 ϕ1 cm，高度 20 cm，样品管底部是平底，且样品管圆而均匀。测量时，用尼龙线将样品管垂直悬挂于天平盘下。注意样品管底部应处于磁场中部。

（6）样品。

金属或合金物质可做成圆柱体直接在磁天平上测量；液体样品则装入样品管测量；固体粉末状物质要研磨后再均匀紧密地装入样品管中测量。古埃磁天平不能测量气体样品。

微量的铁磁性杂质对测量结果影响很大，故制备和处理样品时要特别注意防止杂质的沾染。

（7）使用说明。

CTP-Ⅰ型特斯拉计和电流显示为数字式，同装在一块面板上，面板结构如图 3.12.6 所示。其操作步骤说明如下：

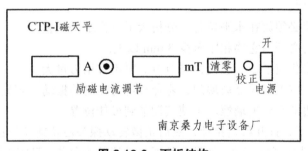

图 3.12.6　面板结构

① 用测试杆检查两磁头间隙为 20 mm，将特斯拉计探头固定件固定在两磁铁中间。

② 将"励磁电流调节旋钮"左旋到底。

③ 接通电源。

④ 将特斯拉计的探头放入磁铁的中心架上，套上保护套，按"采零"键使特斯拉计的数字显示为"000.0"。

⑤ 除去保护套，把探头平面垂直置于磁场两极中心，打开电源，调节励磁电流调节旋钮，使电流增大至特斯拉计上显示约"300"mT，调节探头上下、左右位置，观察数字显示值；

把探头位置调节至显示值为最大的位置，此乃探头最佳位置，以探头灯此位置的垂直线，测定离磁铁中心高 $H_0 = 0_1$，这也就是样品管内应装样品的高度。关闭电源前应调节励磁电流调节旋钮使特斯拉计数字显示为零。

⑥ 用莫尔氏盐标定磁场强度，取一支清洁、干燥的空样品管悬挂在磁天平的挂钩上，使样品管正好与磁极中心线平齐（样品管不可与磁极接触，并与探头有合适的距离）。准确称取空样品管质量($H = 0$)时，得 $m_1(H_0)$；调节励磁电流调节旋钮，使特斯拉计数显为"300"mT(H_1)迅速称量，得 $m_1(H_1)$；逐渐增大电流，使特斯拉计数显为"350"mT(H_2)称量得 $m_1(H_2)$；然后略微增大电流，接着退至"350"mT(H_2)，称量得 $m_2(H_2)$；将电流降至数显为"300"mT(H_1)时，再称量得 $m_2(H_1)$；再缓慢降至数显为"000.0"mT(H_0)，又称取空管质量得 $m_2(H_0)$。这样调节电流由小到大，再由大到小的测定方法是为了抵消实验时磁场剩磁现象的影响。

$$\Delta m_{空管}(H_1) = [\Delta m_1(H_1) + \Delta m_2(H_1)]$$

$$\Delta m_{空管}(H_2) = [\Delta m_1(H_2) + \Delta m_2(H_2)]$$

式中，$\Delta m_1(H_1) = m_1(H_1) - m_1(H_0)$；$\Delta m_2(H_1) = m_2(H_1) - m_2(H_0)$；$\Delta m_1(H_2) = m_1(H_2) - m_1(H_0)$；$\Delta m_2(H_2) = m_2(H_2) - m_2(H_0)$。

⑦ 取下样品管用小漏斗装入事先研细并干燥过的莫尔氏盐，并不断将样品管底部在软垫上轻轻碰击，使样品均匀填实，直至所要求的高度（用尺准确测量）。按前述方法将装有莫尔氏盐的样品管置于磁天平上称量，重复称空管时的路程，得 $m_{1空管+样品}(H_0)$，$m_{1空管+样品}(H_1)$，$m_{1空管+样品}(H_2)$，$m_{2空管+样品}(H_2)$，$m_{2空管+样品}(H_1)$，$m_{2空管+样品}(H_0)$。求出 $\Delta m_{空管+样品}(H_1)$ 和 $\Delta m_{空管+样品}(H_2)$。

⑧ 同一样品管中，同法分别测定 $FeSO_4 \cdot 7H_2O$ 和 $K_4Fe(CN)_6 \cdot 3H_2O$ 的 $\Delta m_{空管+样品}(H_1)$ 和 $\Delta m_{空管+样品}(H_2)$。

⑨ 测定后的样品均要倒回试剂瓶，可重复使用。

（8）实验注意事项。

① 磁天平总机架必须放在水平位置，分析天平应作水平调整。

② 吊绳和样品管必须与它物相距至少 3 mm 以上。

③ 励磁电流的变化应平稳、缓慢，调节电流时不宜用力过大。

④ 测试样品时，应关闭仪器玻璃门，避免环境对整机的振动，否则实验数据误差较大。

⑤ 霍尔探头两边的有机玻璃螺丝可使其调节到最佳位置。

在某一励磁电流下，打开特斯拉计，然后稍微转动探头使特斯拉计读数在最大值，此即为最佳位置。将有机玻璃螺丝拧紧，如发现特斯拉计读数为负值，只需将探头转动 180° 即可。

⑥ 在测试完毕之后，请务必将电流调节旋钮左旋至最小（显示为 0000），然后方可关机。

⑦ 每台磁天平均附有出厂编号，此号码与相配的传感器编号相同，使用时请核对。

第 4 章 综合与设计性实验

4.1 开设综合与设计性实验的意义

开设综合与设计性实验旨在训练学生综合应用知识、独立分析和解决问题的能力。综合与设计性实验有利于对学生进行较全面的、综合性的实验技能训练，提高学生独立进行实验的能力和初步培养科学研究的能力，从而提高学生自身的创造和综合能力，为后续的毕业论文设计打下良好的基础。

综合与设计性实验不是基础物化实验的简单重复，而是要求学生运用所学知识来完成指定要求的实验。综合与设计性实验的形式应该是多种多样的，它可以是一个完整的实验，也可以是某一种具体的实验手段。让学生进行了部分有代表性的基础实验、了解物理化学的概貌后，根据现有仪器设备的条件，开设综合与设计性实验，力求在实验方法和实验技术上让学生得到较全面的训练。教学中应注重物理化学基础实验技能的掌握与提高，强调实验方法的重要性，着重培养学生的动手能力及创新能力。

4.2 完成综合与设计性实验的一般步骤和要求

1. 选择适宜的实验课题。
2. 根据所选课题查阅文献资料，阅读理解资料的内容。
3. 运用已学实验的原理和方法，独立设计实验方案。实验方案包括：实验题目、撰写人班级和姓名、实验的目的和意义、实验原理、所需仪器名称及规格、所需药品名称及规格、实验方法和步骤、数据处理、注意事项、参考文献等。
4. 教师审阅、修改学生实验方案。
5. 学生持已审核通过的实验方案进入实验室，选择适当仪器，组装实验仪器，测定可靠的实验数据，完成研究内容。
6. 处理数据，得出合理结果。
7. 撰写并上交实验报告或小论文，实验报告或小论文的书写格式为：实验题目、撰写人班级和姓名、实验的目的和意义、实验原理、所需仪器名称及规格、所需药品名称及规格、实验方法和步骤、注意事项、数据处理、实验结果与讨论、参考文献。

实验 1　用准一级反应的方法测定乙酸乙酯皂化反应速率常数

一、实验目的

1. 学习用准一级反应方法研究非一级反应的方法。

2. 巩固用 Origin 非线性处理数据的方法。

二、实验提示

用简单二级反应的方法测定乙酸乙酯皂化反应速率常数有两个问题需要解决：① 要保证 NaOH 与乙酸乙酯的浓度相同；② 要保证强电解质浓度与电导为正比例关系需要 NaOH 的浓度足够低，而乙酸乙酯浓度如果低了，配制浓度的误差会影响结果。而采用准一级反应的方法可以改善实验的结果。实验原理可参考"旋光法测定蔗糖转化反应速率常数"实验。

三、实验设计要求

1. 设计用准一级反应的实验方法（电导法）测定乙酸乙酯皂化反应速率常数（原理、操作等，其中乙酸乙酯浓度大大过量）。

2. 必须使用计算机、Origin 软件处理数据及绘图。

3. 讨论比较用准一级反应的实验方法与二级反应的实验方法各有什么特点。

4. 讨论 G_0 和 G_∞ 在数据处理中的作用和测定方法。

四、思考题

1. 准一级反应的数据处理中的起始浓度和反应开始时间是否要求准确？

2. 某种物质浓度大大过量的概念在实验中如何把握？

五、参考资料（见表 4.1.1）

表 4.1.1　几种实验方法的比较

蔗糖转化 准一级反应	乙酸乙酯皂化 二级反应	乙酸乙酯皂化 准一级反应
$r = -\dfrac{\mathrm{d}C}{\mathrm{d}t} = k_m C_A C_{H_2O}^n = k_1 C_A$ 其中 $k_1 = k_m C_{H_2O}^n$	$r = -\dfrac{\mathrm{d}C}{\mathrm{d}t} = k_2 C_{酯} C_{NaOH}$	$r = -\dfrac{\mathrm{d}C}{\mathrm{d}t} = k_2 C_{酯} C_{NaOH} = k_1 C_{NaOH}$ 其中 $k_1 = k_2 C_{酯}$，　$k_2 = \dfrac{k_1}{C_{酯}}$

续表 4.1.1

蔗糖转化 准一级反应	乙酸乙酯皂化 二级反应	乙酸乙酯皂化 准一级反应
线性处理： $\ln(\alpha_t - \alpha_\infty)$ $= -k_1 t + \ln(\alpha_0 - \alpha_\infty)$ 非线性处理： $\alpha_t = \alpha_\infty + (\alpha_0 - \alpha_\infty)\mathrm{e}^{-k_1 t}$	线性处理： $G_t = \dfrac{1}{C_0 k_2}\dfrac{G_0 - G_t}{t} + G_\infty$ 非线性处理： $G_t = \dfrac{G_0 + G_\infty C_0 k_2 t}{1 + C_0 k_2 t}$	线性处理： $\ln(G_t - G_\infty)$ $= -k_1 t + \ln(G_0 - G_\infty)$ 非线性处理： $G_t = G_\infty + (G_0 - G_\infty)\mathrm{e}^{-k_1 t}$
蔗糖起始浓度及反应开始时间均不要求准确	反应物起始浓度及反应开始时间均要求准确	NaOH 起始浓度及反应开始时间均不要求准确，但求 k_2 时要求 $C_碱$ 准确

实验 2　H⁺ 浓度对蔗糖转化反应速率影响的测定

一、实验目的

1. 进一步认识准一级反应的含义。
2. 了解酸对蔗糖转化反应速率的影响。
3. 巩固用 Origin 非线性处理数据的方法。

二、实验提示

影响蔗糖转化反应速率的因素有：反应温度、蔗糖浓度、酸催化剂的种类和浓度等。

当选用不同的酸催化剂（如 HCl、HNO₃、H₂SO₄、HClO₄）时，对反应速率常数的影响不同；或选用同一种酸催化剂而浓度不同时，反应速率常数也不同。

一般认为：当[H⁺]较低时，速率常数 k 与[H⁺]成正比；但当[H⁺]增加时，k 与[H⁺]不成线性比例。

有文献指出，在 30 ℃ 分别用 HCl 和 H₂SO₄ 作催化剂，[H⁺]在 $1 \sim 3$ mol/L 范围内 k 与[H⁺]的关系为：

HCl 催化：$k_{HCl} = 0.0018 + 0.0237[H^+]^{1.623}$；

H₂SO₄ 催化：$k_{H_2SO_4} = 0.0018 + 0.0083[H^+]^{1.554}$。

三、实验设计要求

1. 设计不同种类的酸作催化剂，在同温同浓度下的表观速率常数 k 的测定方案。包括被测物理量的选择、所用仪器和试剂、各物质的浓度和操作步骤。用图解法处理求取速率常数 k 值，并讨论各种酸对速率常数 k 的影响。

2. 设计同种酸作催化剂，不同浓度下的表观速率常数 k 的测定方案。包括被测物理量的选择、所用仪器和试剂、各物质的浓度和操作步骤。用图解法处理求取速率常数，拟合出酸度[H⁺]与速率常数 k 的关系式，并进行讨论。

3. 必须使用计算机、Origin 软件处理数据及绘图。

四、思考题

1. 酸催化剂的选择。（HCl、HNO₃、H₂SO₄）
2. 酸浓度范围的选择。（$1 \sim 3$ mol/L 或 $0.5 \sim 1$ mol/L）

五、参考资料

当设计同种酸作催化剂、不同浓度下对 k 的影响时，可参考：

酸催化蔗糖转化反应属于均相催化反应，若无催化作用时的反应速率为 r_0，其速率方程可表示为

$$r = r_0 + k_{H^+}[H^+]^n$$

或表示为

$$k = k_0 + k_{H^+}[H^+]^n$$

式中，k_0 为[H$^+$]趋向于 0 时的反应速率系数；k 为表观速率系数；k_{H^+} 和 n 分别为 H$^+$ 离子的催化速率系数和级数。因此，一旦 k_0、k_{H^+} 和 n 确定，k 与[H$^+$]的具体指数关系式就可确定。

经实验分别求得定温下不同酸度时的速率系数 k，以 k 对[H$^+$]作图，并用下式进行非线性拟合：

$$y = a + bx^c$$

与 $k = k_0 + k_{H^+}[H^+]^n$ 比较，则有

$$k_0 = a ; \quad k_{H^+} = b ; \quad c = n$$

由拟合参数可得出 k 与[H$^+$]的具体关系式。

实验 3 临界胶束浓度测定的比较

一、实验目的

1. 学习对同一问题用不同方法研究。
2. 掌握 CMC 的测定方法。

二、实验提示

在溶液中当浓度超过一定值时，表面活性剂会从单体（离子或分子）缔合成胶态的聚合物，即形成胶束。对于某些表面活性剂，在溶液中开始形成胶束的浓度称为该表面活性剂溶液的临界胶束浓度，简称 CMC。

临界胶束浓度 CMC 可看作是表面活性剂对溶液的表面活性的一种量度，因为 CMC 越小，表示此种表面活性剂形成胶束所需浓度越低，达到表面饱和吸附的浓度越低。也就是说，只要很少的表面活性剂就可起到润湿、乳化、加溶、起泡等作用。临界胶束浓度还是含有表面活性剂水溶液的性质发生显著变化的一个"分水岭"，体系的多种性质在 CMC 附近都会发生一个比较明显的变化，因此，通过测定溶液中表面活性浓度从 0 逐渐增大的过程中体系的某些物理性质的变化，可以测定 CMC。

表面活性剂物理化学性质的突变皆可用来测定表面活性剂的 CMC。目前据文献报道，测定表面活性剂 CMC 的方法已有三十多种，如电导法、染料法、增溶作用法、表面张力法和 NMR 方法等，最常用的是表面张力测定和电导测量。不同方法测定同一表面活性剂的 CMC 有一定的差异，也各有特点。根据研究系统的特点及要求，同时考虑仪器设备的具体情况，目前常用的比较简便易行的测定方法有以下几种。

（1）表面张力法（参考第 3 章实验 9）。

表面张力法是通过测定含有不同浓度的表面活性剂溶液的表面张力 σ，以所测 σ 值为纵坐标、相应的表面活性剂浓度 C 为横坐标作 σ-C 关系图，可方便地得出 CMC 的方法。

表面张力法适合于离子表面活性剂和非离子表面活性剂 CMC 的测定，无机离子的存在也不影响测定结果。当表面活性剂浓度较低时，随着浓度的增加，溶液的表面张力急剧下降，当达到 CMC 时，表面张力的下降则很缓慢或停止。以表面张力 σ 对表面活性剂浓度的对数 $\ln C$ 作图，曲线转折点相对应的浓度即为 CMC。如果在表面活性剂中或溶液中含有少量长链醇、高级胺、脂肪酸等高表面活性的极性有机物时，溶液的 σ-$\ln C$ 曲线上的转折可能变得不明显，但出现一个最低值。表面张力法也是用以鉴别表面活性剂纯度的方法之一。

（2）电导法（参考第 3 章实验 11）。

电导法是测定表面活性剂 CMC 的经典方法，它对有较高表面活性的表面活性剂（即 CMC 很小）准确性高。此法的特点还在于取样少、操作简便、数据准确，有很高的灵敏度。对于胶体电解质，在稀溶液时的电导率、摩尔电导率的变化规律与强电解质一样，但是随着溶液中胶团的生成，电导率和摩尔电导率发生明显变化，这就是测定 CMC 的依据。采用电导法测定表面活性剂的电导率来确定 CMC，是利用离子型表面活性剂水溶液的电导率随浓度的变化关系，以表面活性剂溶液电导率 κ 或摩尔电导率 κ_m 对浓度 C 或浓度的平方根 $\sqrt{C}$ 作图，曲线的转折点即为 CMC。溶液中若含有无机离子时，此方法的灵敏度大大下降。

（3）光散射法。

光散射法是根据溶液的浊度的变化，用光散射法测定 CMC 的方法。光线通过表面活性剂溶液时，如果溶液中有胶束粒子存在，一部分光线将被胶束粒子所散射，因此测定散射光强度即浊度可反映溶液中表面活性剂胶束的形成。以溶液浊度对表面活性剂浓度作图，在到达 CMC 时，浊度将急剧上升，因此曲线转折点即为 CMC。利用光散射法还可测定胶束大小（水合直径），推测其缔合数等。但测定时应注意环境的洁净，避免灰尘的污染。

（4）染料法。

染料法是利用某些染料在水中和胶团中的颜色有明显差别的性质，应用滴定的方法测定 CMC。具体的测定方法是：先在一确定浓度（＞CMC）的表面活性剂溶液中，加入少量的染料，此时染料被溶液中的胶团吸附而使整个溶液呈现某种颜色，再用滴定的方法以水冲稀此溶液，直至溶液颜色发生显著变化，由被滴定溶液的总体积可方便地求得 CMC。

一些有机染料在被胶团增溶时，其吸收光谱与未增溶时发生明显改变，只要在大于 CMC 的表面活性剂溶液中加入少量染料，然后定量加水稀释至颜色改变即可判定 CMC。采用滴定终点观察法或分光光度法均可完成测定。对于阴离子表面活性剂，常用的染料有碱性蕊香红 G；阳离子表面活性剂可用曙红或荧光黄；非离子表面活性剂可用四碘荧光素、碘、苯并紫红 4B 等。采用染料法测定 CMC 可因染料的加入影响测定的精确性，尤其对 CMC 较小的表面活性剂的影响更大；另外，当表面活性剂中含有无机盐及醇时，测定结果也不甚准确。

目前还有许多方法测定 CMC，如荧光光度法、核磁共振法、导数光谱法等。

三、实验设计要求

1. 阅读相关参考文献资料 6 篇以上。

2. 设计至少用两种方法测定十二烷基硫酸钠水溶液的 CMC，包括被测物理量的选择、所用仪器和试剂、溶液浓度的配制和操作步骤。

3. 必须使用计算机、Origin 软件处理数据及绘图，用作图法求取 CMC 值，并将有关数据在同一图中表示出来。

4. 讨论不同方法的特点和适用测量 CMC 的表面活性的类型。

四、思考题

用各种方法测定十二烷基硫酸钠水溶液的 CMC 的原理及注意事项。

实验 4 无机盐和有机物的加入对十二烷基硫酸钠 CMC 的影响

一、实验目的

1. 掌握表面活性剂 CMC 的测定原理。

2. 掌握 CMC 的测定方法。

3. 了解无机盐和有机物的加入对十二烷基硫酸钠 CMC 的影响。

二、实验提示

1. CMC 值是表面活性剂表面活性大小的一个量度，表面活性剂的结构、无机盐、有机物等都会改变表面活性剂的 CMC 值。

2. 电导法适用于离子型表面活性剂 CMC 的测定，对于具有较高活性的表面活性剂准确性较高，但过量的无机盐存在会降低测定灵敏度，因为无机盐在水中会解离，影响其电导，因而会干扰测量的准确度。

3. 表面张力法适合于离子型表面活性剂和非离子型表面活性剂 CMC 的测定，无机离子的存在也不影响测定结果。当表面活性剂浓度较低时，随着浓度的增加，溶液的表面张力急剧下降，当达到 CMC 时，表面张力的下降则很缓慢或停止。以表面张力 σ 对表面活性剂浓度的对数 $\ln C$ 作图，曲线转折点相对应的浓度即为 CMC。如果在表面活性剂中或溶液中含有少量长链醇、高级胺、脂肪酸等高表面活性的极性有机物时，溶液的 σ-$\ln C$ 曲线上的转折可能变得不明显，但出现一个最低值。表面张力法也是用以鉴别表面活性剂纯度的方法之一。

三、实验设计要求

1. 设计用电导法测定：① 浓度为 0.02 mol/L 的氯化钠溶液；② 体积分数为 5% 的乙醇溶液分别对十二烷基硫酸钠 CMC 值影响的测定方案，包括被测物理量的选择、所用仪器和试剂、溶液浓度的配制和操作步骤。

2. 或设计用表面张力法测定十二烷基硫酸钠的 CMC 及体积分数为 5% 的乙醇溶液对十二烷基硫酸钠 CMC 值影响的测定方案。

3. 必须使用计算机、Origin 软件处理数据及绘图，用作图法求取 CMC 值。

4. 讨论加入无机盐氯化钠及有机物乙醇对十二烷基硫酸钠 CMC 值的影响。

四、思考题

1. 加入氯化钠的方案中，在配制十二烷基硫酸钠溶液时，其浓度梯度的选择。

2. 加入乙醇的方案中，在配制十二烷基硫酸钠溶液时，其浓度梯度的选择。

五、参考资料

在表面活性剂水溶液系统中影响 CMC 的因素如下：

（1）碳氢链链长：

在同系的表面活性剂中，碳氢链越长，CMC 越小。在较低的表面活性剂浓度下发生增溶作用，增溶能力随碳氢链增长而增加。对于同系的离子表面活性剂，大约碳氢链每增加 1 个碳原子，CMC 即下降 1/2；对于同系的非离子表面活性剂，由于其亲水基团极性相对较弱，碳原子数量增加的影响更加明显，每增加 2 个碳原子，CMC 可以下降到原来的 1/10。

（2）碳氢链支链结构：

由于支链的空间位阻较大，妨碍了表面活性剂的缔合。在同系表面活性剂中，含有相同碳原子数的表面活性剂，有支链者的 CMC 高于直链的表面活性剂。而且，表面活性剂的亲水基团越接近于碳氢链的中间位置，其 CMC 越大。在碳氢结构中，苯环、双键等一些易极化结构的存在将减小碳氢链的疏水性，故此类表面活性剂的 CMC 往往要比不含此类结构者高。

（3）亲水基团：

亲水基团对增溶的影响远不如疏水基团，一般而言，亲水性强者，CMC 较高。比较离子表面活性剂和非离子表面活性剂的增溶能力即可看出这一规律性。在碳原子的数量相同时，前者的 CMC 是后者的 100 倍。阳离子表面活性剂的增溶能力大于具有相同碳氢链的阴离子表面活性剂，这是因为前者形成较疏松结构的胶束。对于相同碳氢链的离子表面活性剂，二价离子型（如 SO_4^{2-}）的 CMC 大于一价离子型（如 Cl^-）的 CMC。在聚氧乙烯型非离子表面活性剂中，聚氧乙烯链长对增溶的影响可能比碳氢链大。对于具有相同碳氢链的非离子表面活性剂，聚氧乙烯链越长，增溶能力越弱。

（4）反离子：

对于离子表面活性剂，反离子对增溶的影响取决于这些离子与表面活性剂离子的结合能力，结合能力越强或解离度越低，增溶能力越强，如 $I^- > Br^- > Cl^-$。若反离子本身就是表面活性离子或是包含有较大非极性基团的有机离子，则 CMC 可能显著下降，尤其在正、负离子的碳氢链长相等时，降低最为显著。原因是反离子参与胶束形成，正、负表面活性离子之间的库仑引力使胶束更易形成，在正、负离子的碳氢链长比例接近于 1∶1 时，胶束的有效电荷接近于零，相互排斥作用极小。

（5）中性无机盐：

无机盐的加入能降低离子型表面活性剂的 CMC 值，使其在低浓度下充分发挥去污效能，表面活性得到提高。无机盐中所起作用的是与活性剂离子带相反电荷的离子（即反离子），且价数越高，影响越大。反离子的影响是压缩离子氛和扩散双电层厚度。这可能是当增加表面活性剂反离子浓度时，影响了表面活性剂离子胶束的扩散双电层结构，使双电层平均厚度变薄，使之更容易吸附于表面，这样胶束就容易形成。反离子结合率越高，浓度越大，CMC 就越低，从而增加了胶束数量，增加烃核总体积，增加了对烃类增溶质的增溶量。相反，由于无机盐使胶束栅状层分子间的电斥力减小，分子排列更紧密，减少了极性增溶质的有效增溶空间。当溶液中存在大量 Ca^{2+}、Mg^{2+} 等多价反离子时，可能会降低阴离子表面活性剂的溶解度，产生盐析现象，导致增溶量下降。

在非离子表面活性剂溶液中，无机盐的影响较小，但在高浓度时（ > 0.1 mol/L）也能显示出一定影响。大多数无机离子的加入均可破坏表面活性剂（聚氧乙烯等亲水基团）与水分子的结合，使浊点降低，CMC 下降，增溶量增加。

（6）有机添加剂：

① 脂肪醇。脂肪醇对表面活性剂增溶的影响与其碳链长度及浓度有关。脂肪醇与表面活性剂分子形成的混合胶束体积增大，对碳氢化合物的增溶量增加。脂肪醇碳链越长，极性越小，增溶作用越大，但在使用时一般以碳原子数在 12 以下的长链为宜，因为更长链的醇受溶解度的限制进入胶束的量减少。与之相反，一些短链醇不仅不能与表面活性剂形成混合胶束，还可能破坏胶束的形成，在使用浓度较高时使 CMC 升高，如 $C_1 \sim C_6$ 的醇和环己醇等均出现这类现象。少量非极性烷烃的加入有类似于长链脂肪醇的影响，但主要增加对极性化合物的增溶量。

② 其他极性有机物。尿素、N-甲基乙酰胺、乙二醇等均可使表面活性剂的 CMC 升高，一方面这些有机极性分子与水分子发生强烈竞争性结合，另一方面这些物质也是表面活性剂的助溶剂，增加了表面活性剂的溶解度，这些均使表面活性剂浊点升高并影响胶束形成。

短链极性醇的加入，使阴离子型表面活性剂的 CMC 值上升。这可能是由于短链极性醇浓度的增加，溶剂水的性质改变，使表面活性剂的溶解度增大，从而使 CMC 上升；也可能是短链极性醇与水分子发生强烈的作用，特别是形成氢键，破坏水的结构，使溶液的介电常数变小，削弱了表面活性剂的憎水效应和胶束形成能力，不利于胶束作用的形成，而使 CMC 值上升。

（7）温度的影响：

温度对增溶存在三方面的影响：① 影响胶束的形成性质；② 影响增溶质的溶解性质；③ 影响表面活性剂的溶解度。对于离子表面活性剂，第一种影响不很明显，主要是扩大增溶质在胶束中的溶解度以及增加表面活性剂的溶解度。但随温度的升高，离子表面活性剂的溶解度在某一温度急剧升高，转折点相对应的温度称为 Krafft 点，而此点对应的溶解度即为该离子表面活性剂的 CMC。Krafft 点实际上是表面活性剂真溶液相、胶束相和固相共存的温度。

对于每一种离子表面活性剂，Krafft 点是一特征值，Krafft 点越高，CMC 越小。在 Krafft 点以上，随温度的进一步升高，分子热运动加剧，形成的胶束可能发生离散而使 CMC 升高。可以说，Krafft 点是表面活性剂使用温度的下限，或者说，只有在温度高于 Krafft 点时表面活性剂才能最大限度地发挥效能。

与离子表面活性剂相反，对于聚氧乙烯型非离子表面活性剂，随温度的升高，聚氧乙烯链与水之间的氢键断裂，水合能力下降，CMC 降低，胶束数量增加，增溶质的增溶量增大。但当温度上升到一定程度时，聚氧乙烯链脱水发生强烈收缩，增溶空间减小，增溶能力下降，溶解度急剧下降。表面活性剂从溶液中析出及溶液出现混浊的温度即为浊点（cloud point）。浊点是聚氧乙烯型非离子表面活性剂的一个特征值，在聚氧乙烯链相同时，碳氢链越长，浊点越低；在碳氢链相同时，聚氧乙烯链越长，浊点越高。

实验 5　胶团形成的热力学函数及其影响因素的研究

一、实验目的

1. 掌握表面活性剂 CMC 的测定原理。

2. 掌握 CMC 的测定方法。

3. 掌握胶团形成的热力学原理。通过对表面活性剂水溶液系统与温度关系的实验，确定不同温度下胶团形成的 CMC，分析水溶液系统形成胶团的热力学行为。

二、实验提示

表面活性剂在水溶液中的自聚集无论在生命科学或是在化工过程和采油工艺中都起着重要作用，对这一物理化学现象本质的深入研究将为揭示生命奥秘、降低采油工艺成本和提高油田的采收率提供有价值的信息。

在表面活性剂溶液中，当溶液浓度增大到一定值时，表面活性剂离子或分子不但在表面聚集形成单分子层，而且在溶液本体内部以疏水基相互靠拢，聚在一起形成胶束。胶束可以成球状、棒状或层状，如图 4.5.1 所示。形成胶束的最低浓度称为临界胶束浓度（CMC）。表面活性剂溶液的许多物理化学性质随着胶团的出现而发生突变，只有溶液浓度稍高于 CMC 时，才能充分发挥表面活性剂的作用。所以 CMC 是表面活性剂的一种重要性能指标，是表面活性剂溶液研究中的一个重些内容。

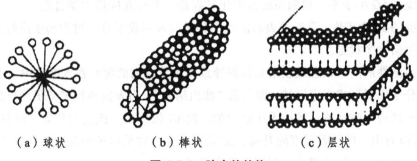

（a）球状　　　　　　　（b）棒状　　　　　　　（c）层状

图 4.5.1　胶束的结构

胶束形成的机理尚未充分明了，目前主要用质量作用模型从理论上对其进行定量阐述。质量作用模型是根据质量作用定律，假设胶束形成是分子或离子发生缔合和解离的过程，因此，在胶束的缔合和解离间可建立平衡，对于正离子表面活性剂在溶液中的缔合，采用下列关系式：

$$jC^+ + (j-z)A^- = M^{z+} \tag{4.5.1}$$

胶团 M^{z+} 是 j 个表面活性剂的正离子和 $(j-z)$ 个表面活性剂的负离子牢固结合的聚合体。其平衡常数为

$$K_{\mathrm{m}} = \frac{F[\mathrm{M}^{z+}]}{[\mathrm{C}^+]^j[\mathrm{A}^-]^{j-z}} \tag{4.5.2}$$

式中，$F = \dfrac{f_{\mathrm{m}}}{[(f_{\mathrm{C}})^j(f_{\mathrm{A}})^{(j-z)}]}$；$f$ 为有关的活度系数。

胶团形成的标准自由能变化为：

$$\Delta G^{\ominus} = -\frac{RT}{j}\ln K_{\mathrm{m}} = -\frac{RT}{j}\ln\frac{F[\mathrm{M}^{z+}]}{[\mathrm{C}^+]^j[\mathrm{A}^-]^{j-z}} \tag{4.5.3}$$

一般情况下，在 CMC 时，溶液的浓度很稀，而胶团聚集数 j 较大，$(1/j)\ln(F[\mathrm{M}^{z+}])$ 项可以略去，$[\mathrm{C}^+]\approx[\mathrm{A}^-] = \mathrm{CMC}$，若无负离子与胶团连接，$z=j$，则

$$\Delta G^{\ominus} = RT\ln\mathrm{CMC} \tag{4.5.4}$$

对于负离子表面活性剂和非离子表面活性剂在溶液中的缔合，也可推导出同样的结果。

相应于这种处理的标准焓变化 $\Delta H^{\ominus}$ 为

$$\Delta H^{\ominus} = -RT^2\frac{\partial\ln\mathrm{CMC}}{\partial T} \tag{4.5.5}$$

标准熵变化 $\Delta S^{\ominus}$ 为

$$\Delta S^{\ominus} = \frac{\Delta H^{\ominus} - \Delta G^{\ominus}}{T} \tag{4.5.6}$$

作 CMC 与温度 T 的关系曲线，计算出胶团形成的标准自由能、标准焓变化和标准熵变化。

如果系统的 ΔG 小于零，说明系统胶束化过程是一个自发的热力学过程；

如果系统的 ΔS 为正值，意味着表面活性剂分子加入到胶束这一过程易于进行，伴随着正熵变使分子趋向无序状态。

那么表面活性剂离子聚合成胶束是如何导致无序数增加的呢？在水溶液中，水分子会在表面活性剂分子周围形成有序区域，即所谓"冰山结构"，当表面活性剂分子形成胶束后，分子周围"冰山结构"被瓦解，系统无序数增加，使 ΔS 值变正，此过程称为"熵驱动"。从式（4.5.6）中可以看出，伴随着温度的升高，ΔS 反而减小，这是由于当温度增高时"冰山结构"变得不牢固，水分子无序化增大，促使正熵变越来越小。

从上述的热力学方程可知，凡是影响表面活性剂系统 CMC 的因素，都会影响系统的热力学性质。（参考第 3 章实验 4）

三、实验设计要求

1. 学生根据实验室的设备和条件，选择与现实生活或工业生产密切相关的表面活性剂水溶液系统进行研究。设计测定方案，包括被测物理量的选择、所用仪器和试剂、溶液浓度的配制和操作步骤。

2. 必须使用计算机、Origin 软件处理数据及绘图，用作图法求取 CMC 值。

实验 6　络合物组成及其不稳定常数的测定

一、实验目的

1. 学习等摩尔系列法中用光度法测定络合物组成的原理和方法。
2. 掌握测定不稳定常数的原理和方法。

二、实验提示

在络合物反应中体系常伴有很多性质的变化，如颜色、折射率、电导等。因此，测定体系在形成络合物过程中的这些物理性质的变化就能获得有关络合物的信息，包括络合物的组成，甚至不稳定常数。测定组成时一般采用等摩尔系列法。

在维持金属离子 M^{n+} 和配位体 A 总浓度不变的条件下，取相同浓度的 M 溶液和 A 溶液配成一系列 $\dfrac{C_M}{C_M \cdot C_A}$ 不同的溶液，这一系列溶液称为等摩尔系列溶液。当所形成的络合物 MA_n 的浓度最大时，络合物的配位数可按下述简单关系直接由溶液的组成求得：

$$n = \frac{C_A}{C_M} \tag{4.6.1}$$

通过测量光密度 D 的变化，作出组成-性质图，从曲线的极大点便可以直接得到络合物的组成。

三、实验设计要求

1. 用等摩尔系列法通过分光光度法测定 Cu（Ⅱ）-磺基水杨酸络合物的组成。
2. 通过 D-$C_M/(C_M + C_A)$ 图处理并计算 $K_{\text{不稳}}$。

四、思考题

还有哪些方法可以确定络合物的组成？

五、参考资料

当生成解离度很小的络合物时，曲线表现有明显的极大点（见图 4.6.1）。由极大点所对应的 C_M 和 C_A 的比值即可确定该络合物的组成。溶液太稀时极大点不明显，但络合物组成不变。

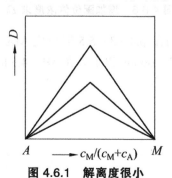

图 4.6.1　解离度很小

络合物易解离时得到的曲线极大点较不明显，光密度-组成图实为一圆滑曲线。金属离子和配位体总浓度越小，解离度越大，曲线极大点越不明显（见图 4.6.2）。从理论上讲，如果在 A 和 M 点作曲线的切线 P 和 Q（以虚线表示），两切线交于 N 点，N 点与曲线极大点的组成相同。由 N 点对应的摩尔分数值可求得络合物的组成。

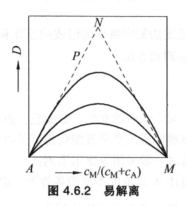

图 4.6.2 易解离

但是，采用在两端作切线求 D_0 的做法，实际上有很大困难。因为要作出由实验获取的非常好的 D-x 曲线是很难的，在端点作切线必然有很大的偶然性。为解决这个问题，可采用以下思路。

假定配合物中心离子浓度不变，而逐渐增加配位体浓度。随着配位体浓度的改变，溶液的光密度值 D 不断升高。当中心离子被完全配合后，如继续增加配位体的浓度，则溶液的光密度值 D 趋于恒定，即为 D_0，如图 4.6.3 所示。

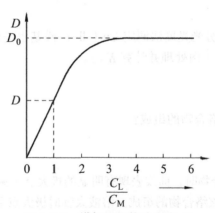

图 4.6.3 增加配位体浓度求 D_0

Cu（Ⅱ）-磺基水杨酸络合物在 pH = 3 ~ 5.5 时形成 MA 型，在 pH = 8.5 以上形成 MA$_2$ 型，实验适宜的波长为 700 nm 或 700 nm 以上。在 pH = 4.5 时，$K_{不稳}$文献值为 2×10^{-3}。

实验 7　表面活性剂 SDS 对孔雀绿褪色反应的影响

一、实验目的

1. 学习用光度法测定可逆反应平衡常数和正、逆反应速率常数的方法。
2. 初步了解表面活性剂溶液作为一种特殊的介质对化学反应所产生的影响。

二、实验提示

孔雀绿在可见光范围有较强的吸收，其碱褪色反应为可逆反应，特别是在表面活性剂十二烷基硫酸钠（SDS）存在时表现得十分明显，其水解产物在孔雀绿最大吸收波长下几乎无吸收。当孔雀绿的初始浓度远小于碱的初始浓度时表现为准 1-1 型可逆反应，用光谱法所测反应的表观一级速率常数为正、逆反应速率常数之和。

已知孔雀绿在纯碱溶液中水解反应的平衡常数为 6.30×10^4。

在 25 ℃ 和最大吸收波长下，探讨不同浓度的 SDS 溶液对孔雀绿在 5.00×10^{-3} mol/L 的 NaOH 溶液中褪色反应的影响，计算出正、逆反应的速率常数。

三、实验设计要求

1. 推导出由始终态体系的吸光度和反应的表观一级速率常数获得可逆反应平衡常数和正、逆反应速率常数的计算公式。
2. 设计测定不同浓度的 SDS 对孔雀绿在 5.00×10^{-3} mol/L 的 NaOH 溶液中褪色反应影响的实验方案，包括被测物理量的选择、所用仪器及试剂、操作步骤。
3. 绘制孔雀绿褪色反应的正、逆反应速率常数与 SDS 浓度的关系图。
4. 讨论 SDS 对孔雀绿碱褪色反应的正反应起禁阻作用，而对逆反应起促进作用的原因。

四、思考题

1. 在 25 ℃ 时孔雀绿水溶液最大吸收波长的确定。
2. SDS 溶液浓度的选择（$0 \sim 9.00 \times 10^{-3}$ mol/L）。

实验 8　分光光度法测量配合物的稳定常数

一、实验目的

1. 了解常见分光光度计的分类、基本原理和使用方法。
2. 查阅文献，了解测量配合物稳定常数的常用方法。
3. 查阅文献，了解使用分光光度计测量配合物稳定常数的原理。

二、实验提示

溶液中金属离子 M 和配位体 L 形成配合物，其反应式为

$$M + nL = ML_n$$

当达到平衡时，其配合物稳定常数 K 和配合平衡时的离子浓度关系为

$$K = \frac{[ML_n]}{[M] \cdot [L]^n} \tag{4.8.1}$$

式中，n 为配位数。

形成配合物时，往往颜色有明显改变，如果金属离子与配位体近似为无色而配合物颜色显著，则使用分光光度法测定配合物组成和稳定常数很方便。

溶液配置可以采用等物质的量的连续递变法（也称等物质的量系列法或 Job 法）维持金属离子浓度[M]和配位体浓度[L]的总物质的量不变，连续改变两组分的比例，即在一系列溶液中金属离子浓度[M]和配位体浓度[L]之和不变，但相对量[L]/[M]在连续变化，[L]/([M] + [L]) 由 0 到 1。选用最大吸收波长 λ_{max} 时的光为入射光，测定一系列溶液，作 A-[L]/([M] + [L])曲线，由最高点对应的[L]和[M]的比例可确定配位数 n。如果配合物是稳定的，则转折点明显；如果配合物不稳定，则转折点不明显，此时应采用延长两条切线使之相交的方法求得转折点。

设配合物组成比的测定实验中所获得的曲线最高点所对应的吸光度为 A，而曲线左、右两边所作切线的交点所对应的吸光度值为 A_0，则解离度为

$$\alpha = (A_0 - A)/A_0 \tag{4.8.2}$$

假设初始金属离子浓度为 c，配位数 $n = 1$，则

$$K_1 = \frac{1-\alpha}{c\alpha^2} = \frac{A_0 A}{c(A_0 - A)^2} \tag{4.8.3}$$

当 $n = 2$ 时，$K_2 = \dfrac{1-\alpha}{4c^2\alpha^3}$，即可求得稳定常数。

三、实验设计要求

1. 用等物质的量系列法通过分光光度法测定配合物的组成。
2. 通过 A-[L]/([M] + [L])曲线图，确定配合物组成和计算稳定常数 K。

四、参考资料

分光光度法是通过测定被测物质在特定波长处或一定波长范围内对光的吸收度，对该物质进行定性和定量分析。常用的波长范围为：① 200～400 nm 的紫外光区；② 400～760 nm 的可见光区；③ 2.5～25 μm 的红外光区。所用仪器为紫外分光光度计、可见光分光光度计（或比色计）、红外分光光度计或原子吸收分光光度计。

分光光度计采用一个可以产生多个波长的光源，通过系列分光装置，从而产生特定波长的光源。光源透过测试的样品后，部分光源被吸收。在可见光区，除某些物质对光有吸收外，很多物质本身并没有吸收，但可在一定条件下加入显色剂或经过处理使其显色后再测定，故又称为比色分析。由于显色时影响成色深浅的因素较多，且常使用单色光纯度较差的仪器，故测定时应用标准品、对照品同时操作。分光光度计已经成为现代分子生物实验室的常规仪器。

分光光度计的重要配件——比色杯或比色皿，按照材质大致分为石英杯、玻璃杯以及塑料杯；根据不同的测量体积，有比色杯和毛细比色杯等。

当单色光辐射穿过被测物质溶液时，被该物质吸收的量与该物质的浓度和液层的厚度（光路长度）成正比，由朗伯-比耳定律：

$$A = \varepsilon c l \qquad\qquad (4.8.4)$$

式中，A 为吸光度；ε 为吸光系数，当溶质、溶剂和入射光波长固定时，ε 不变；c 为溶液浓度；l 为溶液厚度。可知使用固定的比色皿测定配合物溶液，吸光度 A 只和配合物浓度 c 成正比。当已知某纯物质在一定条件下的吸收系数后，可用同样条件将该测试品配成溶液，测定其吸收度，即可由上式计算出测试品中该物质的含量。

实验 9　沸点升高法测定苯甲酸的摩尔质量

一、实验目的

1. 通过本实验加深对稀溶液依数性性质的理解。
2. 掌握沸点升高法的测量方法和技术。
3. 用沸点升高法测量苯甲酸的摩尔质量。

二、实验提示

利用稀溶液的依数性性质测定某些化合物的摩尔质量，较多使用的是凝固点降低法，也可以使用沸点升高法。沸点升高是稀溶液的依数性性质的一种表现，在指定了溶剂的种类和数量后，沸点升高值只取决于所含溶质的分子数目，而与溶质的本性无关。

根据依数性有

$$\Delta T_b = k_b m_B \tag{4.9.1}$$

其中

$$m_B = \frac{m(B)}{m(A)M_B} \tag{4.9.2}$$

式中，$m(A)$、$m(B)$ 分别为溶剂 A、溶质 B 的质量，单位为 kg；M_B 为溶质 B 的摩尔质量，单位为 $kg \cdot mol^{-1}$。

若以乙醇为溶剂，则有：

$$\Delta T_b = T_{溶液} - T_{乙醇}$$

测出一定浓度溶液的 ΔT_b，便可求出 $M_{苯甲酸}$。

三、仪器及试剂

仪器：

沸点仪 1 套；数字式温度计 1 台；分析天平 1 台；调压变压器 1 台；压片机 1 台。

试剂：

苯甲酸（A.R.）；无水乙醇（A.R.）；50 mL 移液管。

四、操作步骤（自行设计）

（一）安装沸点仪

（提示：参考双液系的气-液平衡相图的实验装置）

（二）实验步骤

1. 无水乙醇沸点的测定。

（提示：参考双液系的气-液平衡相图实验中无水乙醇沸点的测定方法，要注意无水乙醇

的取用量及取用方法、加热的方法等）

2. 系列苯甲酸乙醇溶液沸点的测定。

（提示：参考双液系的气-液平衡相图实验中溶液沸点的测定方法，要注意测定的连续性及可行性，溶质的取用量，样品的加入方法）

五、实验注意事项

（提示：在加热过程、冷却过程中要注意什么？如何提高实验的准确性？）

六、数据处理

（提示：如何利用取得的实验数据，运用公式 $\Delta T_b = k_b m_B$、$m_B = \dfrac{m(B)}{m(A)M_B}$ 和 $\Delta T_b = T_{溶液} - T_{乙醇}$

计算出苯甲酸的摩尔质量，计算误差值）

无水乙醇的密度 $\rho_{乙醇} = 0.789\ \text{g/mL}$ ，$k_b = 1.19\ \text{K·mol}^{-1}·\text{kg}$ 。

七、思考题

1. 溶液加热过程中应注意什么？如何控制温度防止溶液过沸？
2. 加入溶剂中溶质的量应如何确定？加入过多或过少对实验结果将会有什么影响？
3. 影响实验结果的因素有哪些？如何降低实验误差？

实验10 表面张力法测定有机酸的临界胶束浓度

一、实验目的

1. 通过实验加深对表面活性剂的特性的理解。
2. 进一步掌握最大泡压法测量表面张力的方法和技术。
3. 用表面张力法测量乙酸的临界胶束浓度。

二、实验提示

通常，将能明显降低水的表面张力的物质称为表面活性剂。表面活性剂分子结构的特点是具有不对称性，由亲水基团和憎水基团组成。表面活性剂分子若按离子的类型分类，可分为三大类：① 阴离子型表面活性剂，如羧酸盐（肥皂）、烷基硫酸盐（十二烷基硫酸钠）、烷基磺酸盐（十二烷基苯磺酸钠）等；② 阳离子型表面活性剂，主要是胺盐，如十二烷基二甲基叔胺和十二烷基二甲基氯化胺；③ 非离子型表面活性剂，如聚氧乙烯类。

表面活性剂这种结构上的特点，使表面活性剂分子能够在两相界面上相对浓集。表面活性剂溶入水中后，当表面活性剂在水中的浓度很小时，在溶液内部，表面活性剂分子会三三两两地将憎水基靠拢在一起而分散在水中；当浓度大到一定程度时，众多的表面活性剂分子会结合成很大的集团形成胶束。形成胶束所需的最低浓度称为临界胶束浓度，以 CMC（critical micelle concentration）表示。当浓度达到 CMC 时，溶液的结构发生明显的变化，导致溶液的物理及化学性质与浓度的关系曲线发生明显的转折，如图 4.10.1 所示。测定临界胶束浓度常用的方法有电导法、表面张力法、渗透压法、浊度法、黏度法、紫外吸收光谱法等。

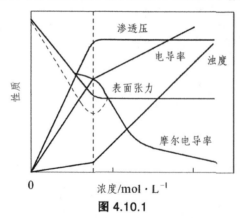

图 4.10.1

本实验采用表面张力法测定乙酸的临界胶束浓度：首先用最大泡压法测定不同浓度乙酸溶液的表面张力，再以表面张力对浓度作图，从图中曲线的转折点求得乙酸的临界胶束浓度。

三、仪器及试剂

仪器：
表面张力测定装置 1 套；恒温水浴 1 套；移液管；容量瓶。

试剂：

乙酸（A.R.）。

四、操作步骤（自行设计）

（一）安装表面张力测定装置

（提示：参考最大泡压法测定溶液的表面张力的实验装置。）

（二）测定步骤

1. 乙酸溶液的配制。

（提示：参考最大泡压法测定溶液的表面张力的溶液配置。）

2. 毛细管常数的测定。

（提示：参考最大泡压法测定溶液的表面张力实验中毛细管常数的测定方法。）

3. 系列乙酸溶液表面张力的测定。

（提示：参考最大泡压法测定溶液的表面张力实验中溶液的表面张力的测定方法。）

五、实验注意事项

（提示：对仪器的要求及测定方法的要求，实验的关键是准确测定溶液的表面张力。）

六、数据处理

（提示：如何作图？如何找出 CMC）

七、思考题

1. 在表面张力的测定过程中应注意什么？如何控制气泡形成的速度？

2. 表面张力仪测定管的垂直与否对测量数据有何影响？

3. 影响实验结果的因素有哪些？如何降低实验误差？

附录　部分物理化学常用数据表

附录 1　常用的基本物化常数

附表 1.1

类别（sort）	量的名称（quantity）	符号（symbol）	数值（value）
普通常数 （general constants）	真空中光速 （speed of light in vacuum）	c	2.99792458×10^{8} m/s
	真空磁导率 （permeability of vacuum）	μ_0	$4\pi \times 10^{-7} = 1.25663706143592 \times 10^{-6}$ H/m
	真空介电常数 （permittivity of vacuum）	ε_0	$1/(\mu_0 c^2) = 8.854187817 \times 10^{-12}$ F/m
	普朗克常数 （planck constant）	h	6.626176×10^{-34} J · s
	万有引力常数 （gravitational constant）	G	6.672×10^{-11} N · m^2/kg^2
	重力加速度 （standard acceleration of gravity）	g	9.80665 m/s^2
电磁常数 （electromagnetic constants）	基本电荷 （elementary charge）	e	1.602189×10^{-19} C
	磁通量子 （magnetic flux quantum）	Φ_0	2.067851×10^{-15} Wb
	玻尔磁子 （bohr magneton）	μ_B	9.274078×10^{-24} J/T
	核磁子 （nuclear magneton）	μ_N	5.050824×10^{-27} J/T
原子常数 （atomic constants）	精细结构常数 （fine-structure constant）	a	7.297351×10^{-3}
	里德伯常数 （rydberg constant）	R_∞	1.09737318×10^{7}/m
	玻尔半径 （bohr radius）	a_0	$0.52917706 \times 10^{-10}$ m
	哈特利能量 （hartree energy）	E_h	27.2116 eV

续附表 1.1

类别（sort）	量的名称（quantity）	符号（symbol）	数值（value）
原子常数 （atomic constants）	环流量子 （quantum of circulation）	h/m_e	7.27389×10^{-4} J · s/kg
	电子质量 （electron mass）	m_e	9.10953×10^{-31} kg
	质子质量 （proton mass）	m_p	1.672649×10^{-27} kg
	中子质量 （neutron mass）	m_n	1.674954×10^{-27} kg
物理化学常数 （physicochemical constants）	阿伏伽德罗常数 （avogadro constant）	N_A 或 L	6.022045×10^{23} /mol
	原子质量单位 （atomic mass unit）	amu	1.660566×10^{-27} kg
	法拉第常数 （faraday constant）	$F = N_A e$	9.648456×10^{4} C/mol
	摩尔气体常数 （molar gas constant）	R	8.31441 J/（K · mol）
	玻耳兹曼常数 （boltzmann constant）	k	1.380662×10^{-23} J/K
	理想气体在标准状态下的 摩尔体积 [molar volume, ideal gas （at 273.15 K, 101.325 kPa）]	V_m	22.4138 L
	标准大气压 （standard atmosphere）	—	101325 Pa

附录 2 国际单位制（SI）

国际单位制是 1960 年第十一届国际计量大会所通过的国际统一的单位制，其符号 SI 为法文 Le Sytème International d'Unités 的缩写。SI 已经逐渐为各国所采用。根据 1984 年 2 月 27 日中华人民共和国国务院发布的《关于在我国统一实行法定计量单位的命令》，我国应在 1990 年底以前要完成国家法定计量单位的过渡。

国际单位制用数值和单位两个部分来表示某个量，其关系式为

$$数值 \times 单位 = 量 \quad 或 \quad 量/单位 = 数值$$

国际单位制由 7 个基本单位、2 个辅助单位、19 个具有专门名称和符号的导出单位以及 16 个用来构成十进制倍数和分数单位的词头组成。由此可以导出其他单位。下面列表分别介绍并略加说明。更详细的规定及用法可参阅文后所列的参考资料。

附表 2.1　SI 基本单位及其定义

量的名称	单位名称	单位符号	定　义
长度	米	m	米为光在时间间隔 1/299792458 s 期间在真空中所通过的路径长度
质量*	千克	kg	等于保存在巴黎国际权度衡局的铂铱合金圆柱体的千克原器的质量
时间	秒	s	秒是铯-133 原子基态的两个超精细能级之间跃迁所对应的辐射的 9 192 613 770 个周期的持续时间
电流	安[培]**	A	在真空中,截面积可忽略的两根相距 1 m 的无限长平行圆直导线内通以等量恒定电流时,若导线间相互作用力在每米长度上为 2×10^{-7}N,则每根导线中的电流为 1A
热力学温度	开[尔文]**	K	
发光强度	坎[德拉]**	cd	坎德拉是一光源在给定方向上的发光强度,该光源发出频率为 540×10^{12} Hz 的单位辐射,且在该方向上的辐射强度为 1/683 W · sr^{-1}
物质的量	摩[尔]**	mol	摩尔是一系统的物质的量,该系统中包含的基本单元数与 0.012 kg 碳-12 的原子数目相等。在使用摩尔时,基本单元应予以指明,可以是原子、分子、离子、电子及其他粒子,或是这些粒子的特定组合体

* 质量是 SI 中唯一没有自然基准的物质量;也只有质量的基本单位带有十进倍数单位。

** 去掉方括号是中文名称的全称;去掉方括号中的字,即成为简称。以下诸表用法相同。

附表 2.2　具有专门名称和符号的 SI 导出单位

量的名称	单位名称	单位符号	表示式	
			用 SI 单位	用 SI 基本单位
频率	赫[兹]	Hz	—	s^{-1}
力,重力	牛[顿]	N	—	$m \cdot kg \cdot s^{-2}$
压力,应力	帕[斯卡]	Pa	$N \cdot m^{-2}$	$m^{-1} \cdot kg \cdot s^{-2}$
能,功,热量	焦[耳]	J	$N \cdot m$	$m^2 \cdot kg \cdot s^{-2}$
功率,辐[射能通量]	瓦[特]	W	$J \cdot s^{-1}$	$m^2 \cdot kg \cdot s^{-3}$
电荷[量]	库[仑]	C	—	$s \cdot A$
电压,电动势,电位(电势)	伏[特]	V	$W \cdot A^{-1}$	$m^2 \cdot kg \cdot s^{-3} \cdot A^{-1}$
电容	法[拉]	F	$C \cdot V^{-1}$	$m^{-2} \cdot kg^{-1} \cdot s^4 \cdot A^2$
电阻	欧[姆]	Ω	$V \cdot A^{-1}$	$m^2 \cdot kg \cdot s^{-3} \cdot A^{-2}$
电导	西[门子]	S	$A \cdot V^{-1}$	$m^{-2} \cdot kg^{-1} \cdot s^3 \cdot A^2$
磁通[量]	韦[伯]	Wb	$V \cdot s$	$m^2 \cdot kg \cdot s^{-2} \cdot A^{-1}$
磁通[量]密度,磁感应强度	特[斯拉]	T	$Wb \cdot m^{-2}$	$kg \cdot s^{-2} \cdot A^{-1}$

续附表 2.2

量的名称	单位名称	单位符号	表示式	
			用 SI 单位	用 SI 基本单位
电感	亨[利]	H	$Wb \cdot A^{-1}$	$m^2 \cdot kg \cdot s^{-2} \cdot A^{-2}$
光通量	流[明]	lm	—	$cd \cdot sr$
[光]照度	勒[克斯]	lx	$1m \cdot m^{-2}$	$m^{-2} \cdot cd \cdot sr$
[放射性]活度*	贝可[勒尔]	Bq	—	s^{-1}
吸收剂量*	戈[瑞]	Gy	$J \cdot kg^{-1}$	$m^2 \cdot s^{-2}$
摄氏温度	摄氏度	℃	—	K
剂量当量*	希[沃特]	Sv	$J \cdot kg^{-1}$	$m^2 \cdot s^{-2}$

* 由于人类健康防护上的需要而确定的。

附表 2.3　SI 辅助单位及其定义

物理量	单位名称	单位符号	定　义
平面角	弧度*	rad	弧度是圆内两条半径之间的平面角，这两条半径在圆上所截取的弧长与半径相等
立体角	球面度*	sr	球面度是一个立体角，其顶点位于球心，而它在球面上所截取的面积等于以球半径为边长的正方形面积

* 无量纲；3102.1-GB 3102.10 将其作为导出量。

附表 2.4　构成倍数或分数的 SI 词头

倍数词头	词头名称		词头符号	分数词头	词头名称		词头符号
	法文	中文			法文	中文	
10^{18}	exa	艾[可萨]	E	10^{-1}	deci	分	d
10^{15}	peta	拍[它]	P	10^{-2}	centi	厘	c
10^{12}	tera	太[拉]	T	10^{-3}	milli	毫	m
10^{9}	giga	吉[咖]	G	10^{-6}	micro	微	μ
10^{6}	mega	兆	M	10^{-9}	nano	纳[诺]	n
10^{3}	kilo	千	k	10^{-12}	pico	皮[可]	p
10^{2}	hecto	百	h	10^{-15}	femto	飞[母托]	f
10^{1}	deca	十	da	10^{-18}	atto	阿[托]	a

　　由 SI 基本单位和辅助单位可以导出许多其他单位。SI 导出单位采用一贯性原则构成。也就是说，用来确定导出单位的定义方程式中的比例系数应为 1，再由基本单位和辅助单位相乘或相除即可求得导出单位。有些导出单位还可以专门名称来表示。

　　有一些单位，其应用极为广泛，使用也很方便，在一定的领域里几乎已不可缺少。为此，特允许其与 SI 并存使用。附表 2.5 为可与国际单位制并用的非 SI 单位。

附表2.5　可与SI并用的单位

量的名称	单位名称	单位符号	与SI的换算关系
时间	分	min	1 min = 60 s
	[小]时	h	1 h = 60 min = 3600 s
	日,（天）	d	1 d = 24 h = 86400 s
[平面]角	角[秒]	(″)	1″ = (1/60)′
	角[分]	(′)	1′ = (1/60)°
	度	(°)	1° = $(\pi/180)$rad
质量	吨	t	1 t = 10^3 kg
	原子质量单位	u	1 u $\approx 1.6605655 \times 10^{-27}$ kg***
体积，容积	升	L,（l）	1 L = 1 dm^3 = $10^{-3}m^3$
能	电子伏特	eV	1 eV $\approx 1.6021892 \times 10^{-19}$ J*
表观功率 （视在功率）	伏安	V·A	1V·A = 1 W

* 数值需由实验得出。
** 原子质量单位等于一个碳-12核原子质量的1/12。

附表2.6　一些已不使用和暂时还可以与SI并用的单位

量的名称	单位名称	单位符号	与SI的换算关系
长度	埃	Å	1Å = 0.1nm = 10^{-10}m
	巴*	bar	1bar = 0.1MPa = 10^5Pa
压力	标准大气压	atm	1atm = 101325Pa
	托	Torr	1Torr = (101325/760)Pa
	毫米汞柱	mmHg	1mmHg = 133.3224Pa
压力	千克力每平方厘米 （工程大气压）	kgf·cm^{-2}	1kgf·cm^{-2} = 9.80665×10^4Pa
	毫米水柱	mmH_2O	1mmH_2O = 9.806375Pa
[动力]黏度	泊	P	1P = 1dyn·s·cm^{-2} = 0.1Pa·s
运动黏度	斯[托克斯]	St	1St = 1cm^2·s^{-1} = $10^{-4}m^2$·s^{-1}
能，功	瓦[特][小]时	W·h	1W·h = 3600J
热量	卡	cal**	1cal = 4.1868J
	热化学卡	cal_{th}	1cal_{th} = 4.1840J
磁场强度	奥斯特	Oe	1Oe = (1000/4π)A·m^{-1}
磁感应强度	高斯	Gs, G	1Gs = 10^{-4}T
磁通[量]密度			
磁通[量]	麦克斯韦	Mx	1Mx = 10^{-8}Wb

续附表 2.6

量的名称	单位名称	单位符号	与 SI 的换算关系
[放射性]活度	居里	Ci	$1Ci = 3.7 \times 10^{10} Bq$
照射量	伦琴	R	$1R = 2.58 \times 10^{-4} C \cdot kg^{-1}$
吸收剂量	拉德	rad***	$1rad = \times 10^{-2} Gy$
剂量当量	雷姆	rem	$1rem = \times \times 10^{-2} Sv$

* 在 ISO1000 和 GB 3100-82 中作为并用单位处理。

** 指国际蒸汽压表卡，国际符号是 cal_{IT}，但各国常用 cal 作符号。

*** 当这个符号与平面角单位弧度的符号 rad 混淆时，可以用 rd 作为替换符号。

附表 2.7 力单位换算

牛顿，N	千克力，kgf	达因，dyn
1	0.102	10^5
9.80665	1	9.80665×10^5
10^{-5}	1.02×10^{-6}	1

附表 2.8 压力单位换算

帕斯卡 Pa	工程大气压 kgf/cm²	毫米水柱 mmH₂O	标准大气压 atm	毫米汞柱 mmHg
1	1.02×10^{-5}	0.102	0.99×10^{-5}	0.0075
98067	1	10^4	0.9678	735.6
9.807	0.0001	1	0.9678×10^{-4}	0.0736
101325	1.033	10332	1	760
133.32	0.00036	13.6	0.00132	1

$1Pa = 1N \cdot m^{-2}$；1 工程大气压 = $1kgf/cm^2$。

$1mmHg = 1Torr$；标准大气压即物理大气压。

$1bar = 10^5 N \cdot m^{-2}$。

附表 2.9 能量单位换算

尔格 erg	焦耳 J	千克力米 kgf·m	千瓦小时 kw·h	千卡 kcal（国际蒸汽表卡）	升大气压 L·atm
1	10^{-7}	0.102×10^{-7}	27.78×10^{-15}	23.9×10^{-12}	9.869×10^{-10}
10^7	1	0.102	277.8×10^{-9}	239×10^{-6}	9.869×10^{-3}
9.807×10^7	9.807	1	2.724×10^{-6}	2.342×10^{-3}	9.679×10^{-2}
36×10^{12}	3.6×10^6	367.1×10^3	1	859.845	3.553×10^4
41.87×10^9	4186.8	426.935	1.163×10^{-3}	1	41.29
1.013×10^9	101.3	10.33	2.814×10^{-5}	0.024218	1

$1erg = 1dyn \cdot cm$；$1J = 1N \cdot m = 1W \cdot s$；$1eV = 1.602 \times 10^{-19} J$。

1 国际蒸汽表卡 = 1.00067 热化学卡。

附录3　物理化学实验中常用数据表

附表 3.1　国际原子量表

原子序数	名称	符号	原子量	原子序数	名称	符号	原子量
1	氢	H	1.0079	38	锶	Sr	87.62
2	氦	He	4.00260	39	钇	Y	88.9059
3	锂	Li	6.941	40	锆	Zr	91.22
4	铍	Be	9.01218	41	铌	Nb	92.9064
5	硼	B	10.81	42	钼	Mo	95.94
6	碳	C	12.011	43	锝	Tc	[97][99]
7	氮	N	14.0067	44	钌	Ru	101.07
8	氧	O	15.9994	45	铑	Rh	102.9055
9	氟	F	18.99840	46	钯	Pd	106.4
10	氖	Ne	20.179	47	银	Ag	107.868
11	钠	Na	22.98977	48	镉	Cd	112.41
12	镁	Mg	24.305	49	铟	In	114.82
13	铝	Al	26.98154	50	锡	Sn	118.69
14	硅	Si	28.0855	51	锑	Sb	121.75
15	磷	P	30.97376	52	碲	Te	127.60
16	硫	S	32.06	53	碘	I	126.9045
17	氯	Cl	35.453	54	氙	Xe	131.30
18	氩	Ar	39.948	55	铯	Cs	132.9054
19	钾	K	39.098	56	钡	Ba	137.33
20	钙	Ca	40.08	57	镧	La	138.9055
21	钪	Sc	44.9559	58	铈	Ce	140.12
22	钛	Ti	47.90	59	镨	Pr	140.9077
23	钒	V	50.9415	60	钕	Nd	144.24
24	铬	Cr	51.996	61	钜	Pm	[145]
25	锰	Mn	54.9380	62	钐	Sm	150.4
26	铁	Fe	55.847	63	铕	Eu	151.96
27	钴	Co	58.9332	64	钆	Gd	157.25
28	镍	Ni	58.70	65	铽	Tb	158.9254
29	铜	Cu	63.546	66	镝	Dy	162.50
30	锌	Zn	65.38	67	钬	Ho	164.9304
31	镓	Ga	69.72	68	铒	Er	167.26
32	锗	Ge	72.59	69	铥	Tm	168.9342
33	砷	As	74.9216	70	镱	Yb	173.04
34	硒	Se	78.96	71	镥	Lu	174.967
35	溴	Br	79.904	72	铪	Hf	178.49
36	氪	Kr	83.80	73	钽	Ta	180.9479
37	铷	Rb	85.4678	74	钨	W	183.85

续附表 3.1

原子序数	名称	符号	原子量	原子序数	名称	符号	原子量
75	铼	Re	186.207	92	铀	U	238.029
76	锇	Os	190.2	93	镎	Np	237.0482
77	铱	Ir	192.22	94	钚	Pu	[239][244]
78	铂	Pt	195.09	95	镅	Am	[243]
79	金	Au	196.9665	96	锔	Cm	[247]
80	汞	Hg	200.59	97	锫	Bk	[247]
81	铊	Tl	204.37	98	锎	Cf	[251]
82	铅	Pb	207.2	99	锿	Es	[254]
83	铋	Bi	208.9804	100	镄	Fm	[257]
84	钋	Po	[210][209]	101	钔	Md	[258]
85	砹	At	[210]	102	锘	No	[259]
86	氡	Rn	[222]	103	铹	Lr	[260]
87	钫	Fr	[223]	104		Unq	[261]
88	镭	Ra	226.0254	105		Unp	[262]
89	锕	Ac	227.0278	106		Unh	[263]
90	钍	Th	232.0381	107			[261]
91	镤	Pa	231.0359				

附表 3.2 一些液体的蒸汽压

表中所列各化合物的蒸汽压可用下列方程式计算

$$\lg p = A - B/(C + t)$$

式中，A、B、C 为三常数；p 为化合物的蒸汽压（mmHg 柱）；t 为摄氏温度。

化 合 物	25 ℃ 时蒸汽压	温度范围/ ℃	A	B	C
丙酮 C_3H_6O	230.05		7.02447	1161.0	224
苯 C_6H_6	95.18		6.90565	1211.033	220.790
溴 Br_2	226.32		6.83298	1133.0	228.0
甲醇 CH_4O	126.40	−20 至 140	7.87863	1473.11	230.0
甲苯 C_7H_8	28.45		6.95464	1344.80	219.482
醋酸 $C_2H_4O_2$	15.59	0 至 36	7.80307	1651.2	225
		36 至 170	7.18807	1416.7	211
氯仿 $CHCl_3$	227.72	−30 至 150	6.90328	1163.03	227.4
四氯化碳 CCl_4	115.25		6.93390	1242.43	230.0
乙酸乙酯 $C_4H_8O_2$	94.29	−20 至 150	7.09808	1238.71	217.0
乙醇 C_2H_6O	56.31		8.04494	1554.3	222.65
乙醚 $C_4H_{10}O$	534.31		6.78574	994.195	220.0
乙酸甲酯 $C_3H_6O_2$	213.43		7.20211	1232.83	228.0
环己烷 C_6H_{12}		−20 至 142	6.84498	1203.526	222.86

附表 3.3 不同温度下水的饱和蒸汽压

$t/°C$	0.0	0.2	0.4	0.6	0.8
	kPa	kPa	kPa	kPa	kPa
0	0.6105	0.6195	0.6286	0.6379	0.6473
1	0.6567	0.6663	0.6759	0.6858	0.6958
2	0.7058	0.7159	0.7262	0.7366	0.7473
3	0.7579	0.7687	0.7797	0.7907	0.8019
4	0.8134	0.8249	0.8365	0.8483	0.8603
5	0.8723	0.8846	0.8970	0.9095	0.9222
6	0.9350	0.9481	0.9611	0.9745	0.9880
7	1.0017	1.0155	1.0295	1.0436	1.0580
8	1.0726	1.0872	1.1022	1.1172	1.1324
9	1.1478	1.1635	1.1792	1.1952	1.2114
10	1.2278	1.2443	1.2610	1.2779	1.2951
11	1.3124	1.3300	1.3478	1.3658	1.3839
12	1.4023	1.4210	1.4397	1.4527	1.4779
13	1.4973	1.5171	1.5370	1.5572	1.5776
14	1.5981	1.6191	1.6401	1.6615	1.6831
15	1.7049	1.7269	1.7493	1.7718	1.7946
16	1.8177	1.8410	1.8648	1.8886	1.9128
17	1.9372	1.9618	1.9869	2.0121	2.0377
18	2.0634	2.0896	2.1160	2.1426	2.1694
19	2.1967	2.2245	2.2523	2.2805	2.3090
20	2.3378	2.3669	2.3963	2.4261	2.4561
21	2.4865	2.5171	2.5482	2.5796	2.6114
22	2.6434	2.6758	2.7068	2.7418	2.7751
23	2.8088	2.8430	2.8775	2.9124	2.9478
24	2.9833	3.0195	3.0560	3.0928	3.1299
25	3.1672	3.2049	3.2432	3.2820	3.3213
26	3.3609	3.4009	3.4413	3.4820	3.5232
27	3.5649	3.6070	3.6496	3.6925	3.7358
28	3.7795	3.8237	3.8683	3.9135	3.9593
29	4.0054	4.0519	4.0990	4.1466	4.1944
30	4.2428	4.2918	4.3411	4.3908	4.4412
31	4.4923	4.5439	4.5957	4.6481	4.7011
32	4.7547	4.8087	4.8632	4.9184	4.9740
33	5.0301	5.0869	5.1441	5.2020	5.2605
34	5.3193	5.3787	5.4390	5.4997	5.5609
35	5.6229	5.6854	5.7484	5.8122	5.8766
36	5.9412	6.0087	6.0727	6.1395	6.2069
37	6.2751	6.3437	6.4130	6.4830	6.5537
38	6.6250	6.6969	6.7693	6.8425	6.9166
39	6.9917	7.0673	7.1434	7.2202	7.2976
40	7.3759	7.451	7.534	7.614	7.695

附表 3.4 不同温度下水的表面张力 γ

$t/°C$	$\gamma/(10^{-3}\,N \cdot m^{-1})$	$t/°C$	$\gamma/(10^{-3}\,N \cdot m^{-1})$
0	75.64	21	72.59
5	74.92	22	72.44
10	74.22	23	72.28
11	74.07	24	72.13
12	73.93	25	71.97
13	73.78	26	71.82
14	73.64	27	71.66
15	73.49	28	71.50
16	73.34	29	71.35
17	73.19	30	71.18
18	73.05	35	70.38
19	72.90	40	69.56
20	72.75	45	68.74

附表 3.5 不同温度下水和乙醇的折射率*

$t/°C$	纯 水	99.8%乙醇	$t/°C$	纯 水	99.8%乙醇
14	1.33348		34	1.33136	1.35474
15	1.33341		36	1.33107	1.35390
16	1.33333	1.36210	38	1.33079	1.35306
18	1.33317	1.36129	40	1.33051	1.35222
20	1.33299	1.36048	42	1.33023	1.35138
22	1.33281	1.35967	44	1.32992	1.35054
24	1.33262	1.35885	46	1.32959	1.34969
26	1.33241	1.35803	48	1.32927	1.34885
28	1.33219	1.35721	50	1.32894	1.34800
30	1.33192	1.35639	52	1.32860	1.34715
32	1.33164	1.35557	54	1.32827	1.34629

* 相对于空气；钠光波长 589.3nm。

附表 3.6 水的黏度

（厘泊）

$t/°C$	0	1	2	3	4	5	6	7	8	9
0	1.787	1.728	1.671	1.618	1.567	1.519	1.472	1.428	1.386	1.346
10	1.307	1.271	1.235	1.202	1.169	1.139	1.109	1.081	1.053	1.027
20	1.002	0.9779	0.9548	0.9325	0.9111	0.8904	0.8705	0.8513	0.8327	0.8148
30	0.7975	0.7808	0.7647	0.7491	0.7340	0.7194	0.7052	0.6915	0.6783	0.6654
40	0.6529	0.6408	0.6291	0.6178	0.6067	0.5960	0.5856	0.5755	0.5656	0.5561

1 厘泊 $= 10^{-3} N \cdot s/m^2$。

附表 3.7　水在不同压力下的沸点

压力		沸点/°C	压力		沸点/°C
p/atm	P/($\times 10^3$Pa)		p/atm	P/($\times 10^3$Pa)	
1	101.325	100.0	15	1519.875	197.4
2	202.650	119.6	16	1621.100	200.4
3	303.975	132.9	17	1722.525	203.4
4	405.300	142.9	18	1823.850	206.1
5	506.625	151.1	19	1925.175	208.8
6	607.950	158.1	20	2026.500	211.4
7	709.275	164.2	21	2127.825	213.9
8	810.600	169.6	22	2229.150	216.2
9	911.925	174.5	23	2330.475	218.5
10	1013.250	179.0	24	2431.800	220.8
11	1114.575	183.2	25	2533.125	222.9
12	1215.900	187.1	26	2634.450	225.0
13	1317.225	190.7	27	2735.775	227.0
14	1418.550	194.1	—	—	—

附表 3.8　水在不同温度下的密度、黏度、介电常数和离子积常数 K_w 值

表中水的密度为不含有空气的纯水在标准大气压（101.325kPa）下的密度值。

水的离子积常数 $K_w = \alpha_{H^+} \cdot \alpha_{OH^-}$，且 $\alpha_{H^+} = \alpha_{OH^-}$。

温度 t/°C	密度ρ/（g/mL）	黏度η/（10^{-3}Pa·s）	介电常数ε/（F/m）	离子积常数 K_w
0	0.99984	—	87.90	0.11×10^{-14}
2	0.99994	—	—	—
4	0.99997	—	—	—
5	0.999965	1.5188	85.90	0.17×10^{-14}
6	0.99994	—	—	—
8	0.99985	—	—	—
10	0.999700	1.3097	83.95	0.30×10^{-14}
12	0.99950	—	—	—
14	0.99924	—	—	—

续附表 3.8

温度 $t/°C$	密度 $\rho/(g/mL)$	黏度 $\eta/(10^{-3}Pa \cdot s)$	介电常数 $\varepsilon/(F/m)$	离子积常数 K_w
15	0.999099	1.1447	82.04	0.46×10^{-14}
16	0.99894	—	—	0.50×10^{-14}
17	—	—	—	0.55×10^{-14}
18	0.99860	—	—	0.60×10^{-14}
19	—	—	—	0.65×10^{-14}
20	0.998203	1.0087	80.18	0.69×10^{-14}
21	—	—	—	0.76×10^{-14}
22	0.99777	—	—	0.81×10^{-14}
23	—	—	—	0.87×10^{-14}
24	0.99730	—	—	0.93×10^{-14}
25	0.997044	0.8949	78.36	1.00×10^{-14}
26	0.99678	—	—	1.10×10^{-14}
27	—	—	—	1.17×10^{-14}
28	0.99623	—	—	1.29×10^{-14}
29	—	—	—	1.38×10^{-14}
30	0.995646	0.8004	76.58	1.48×10^{-14}
31	—	—	—	1.58×10^{-14}
32	0.99503	—	—	1.70×10^{-14}
33	—	—	—	1.82×10^{-14}
34	0.99437	—	—	1.95×10^{-14}
35	0.99403	0.7208	74.85	2.09×10^{-14}
36	0.99369	—	—	2.24×10^{-14}
37	—	—	—	2.40×10^{-14}
38	0.99297	—	—	2.57×10^{-14}
39	—	—	—	2.75×10^{-14}
40	0.99222	—	73.15	2.95×10^{-14}
42	0.99144	—	—	—
44	0.99063	—	—	—
45	—	—	71.50	—
46	0.98979	—	—	—
48	0.98893	—	—	—
50	0.98804	—	69.88	5.5×10^{-14}

续附表 3.8

温度 $t/°C$	密度 $\rho/(g/mL)$	黏度 $\eta/(10^{-3}Pa \cdot s)$	介电常数 $\varepsilon/(F/m)$	离子积常数 K_w
52	0.98712	—	—	—
54	0.98618	—	—	—
55	—	—	68.30	—
56	0.98521	—	—	—
58	0.98422	—	—	—
60	0.98320	—	66.76	9.55×10^{-14}
62	0.98216	—	—	—
64	0.98109	—	—	—
65	—	—	65.25	—
66	0.98001	—	—	—
68	0.97890	—	—	—
70	0.97777	—	63.78	15.8×10^{-14}
72	0.97661	—	—	—
74	0.97544	—	—	—
75	—	—	62.34	—
76	0.97424	—	—	—
78	0.97303	—	—	—
80	0.97179	—	60.93	25.1×10^{-14}
82	0.97053	—	—	—
84	0.96926	—	—	—
85	—	—	59.55	—
86	0.96796	—	—	—
88	0.96665	—	—	—
90	0.96531	—	58.20	38.0×10^{-14}
92	0.96396	—	—	—
94	0.96259	—	—	—
95	—	—	56.88	—
96	0.96120	—	—	—
98	0.95979	—	—	—
100	0.95836	—	55.58	55.0×10^{-14}

附表3.9　一些液体物质的饱和蒸气压与温度的关系

化合物	25 ℃ 时蒸汽压	温度范围/℃	A	B	C
丙酮 C_3H_6O	230.05		7.02447	1161.0	224
苯 C_6H_6	95.18		6.90565	1211.033	220.790
溴 Br_2	226.32		6.83298	1133.0	228.0
甲醇 CH_4O	126.40	−20 至 140	7.87863	1473.11	230.0
甲苯 C_7H_8	28.45		6.95464	1344.80	219.482
醋酸 $C_2H_4O_2$	15.59	0 至 36	7.80307	1651.2	225
		36 至 170	7.18807	1416.7	211
氯仿 $CHCl_3$	227.72	−30 至 150	6.90328	1163.03	227.4
四氯化碳 CCl_4	115.25		6.93390	1242.43	230.0
乙酸乙酯 $C_4H_8O_2$	94.29	−20 至 150	7.09808	1238.71	217.0
乙醇 C_2H_6O	56.31		8.04494	1554.3	222.65
乙醚 $C_4H_{10}O$	534.31		6.78574	994.195	220.0
乙酸甲酯 $C_3H_6O_2$	213.43		7.20211	1232.83	228.0
环己烷 C_6H_{12}		−20 至 142	6.84498	1203.526	222.86

附表3.10　常用参比电极电势及温度系数

名称	体系	E/V*	$(dE/dT)/(mV \cdot K^{-1})$
氢电极	Pt, $H_2|H^+(\alpha_{H^+}=1)$	0.0000	
饱和甘汞电极	Hg, Hg_2Cl_2|饱和 KCl	0.2415	−0.761
标准甘汞电极	Hg, Hg_2Cl_2|1mol·L^{-1}KCl	0.2800	−0.275
甘汞电极	Hg, Hg_2Cl_2|0.1mol·L^{-1}KCl	0.3337	−0.875
银-氯化银电极	Ag, AgCl|0.1mol·L^{-1}KCl	0.290	−0.3
氧化汞电极	Hg, HgO|0.1mol·L^{-1}KOH	0.165	
硫酸亚汞电极	Hg, Hg_2SO_4|1mol·$L^{-1}H_2SO_4$	0.6758	
硫酸铜电极	Cu|饱和 $CuSO_4$	0.316	−0.7

*25 ℃；相对于标准氢电极（NCE）。

附表3.11　甘汞电极的电极电势与温度的关系

甘汞电极*	φ/V
饱和甘汞电极	$0.2412 - 6.61 \times 10^{-4}(t-25) - 1.75 \times 10^{-6}(t-25)^2 - 9 \times 10^{-10}(t-25)^3$
标准甘汞电极	$0.2801 - 2.75 \times 10^{-4}(t-25) - 2.50 \times 10^{-6}(t-25)^2 - 4 \times 10^{-9}(t-25)^3$
甘汞电极 0.1mol·L^{-1}	$0.3337 - 8.75 \times 10^{-5}(t-25) - 3 \times 10^{-6}(t-25)^2$

附表 3.12　饱和标准电池在 0~40 ℃ 内的温度校正值

$t/℃$	$\Delta E_t/\mu V$	$t/℃$	$\Delta E_t/\mu V$	$t/℃$	$\Delta E_t/\mu V$
0	+345.60	15	+175.32	26	−271.22
1	+353.94	16	+144.30	27	−322.15
2	+359.13	17	+111.22	28	−374.62
3	+361.27	18	+76.09	29	−428.54
4	+360.43	18.5	+57.79	30	−483.90
5	+356.66	19	+39.00	31	−540.65
6	+350.08	19.5	+19.74	32	−598.75
7	+340.74	20	0	33	−658.16
8	+328.71	20.5	−20.20	34	−718.84
9	+314.07	21	−40.86	35	−780.78
10	+396.90	21.5	−61.97	36	−843.93
11	+277.26	22	−83.53	37	−908.25
12	+255.21	23	−127.94	38	−973.73
13	+230.83	24	−174.06	39	−1014.32
14	+204.18	25	−221.84	40	−1108.00

也可按下式计算：（式中 t 为摄氏温度）

$$\Delta E_t/\mu V = -39.94(t/℃-20) - 0.929(t/℃-20)^2 + 0.0090(t/℃-20)^3 - 0.00006(t/℃-20)^4$$

附表 3.13　常用酸、碱、盐溶液的活度系数（25.0 ℃）

序号 （No.）	分子式 （Molecular formula）	溶液浓度（Concentrations of solutions）/（mol/L）							
		0.1	0.2	0.3	0.4	0.5	0.6	0.8	1.0
1	$AgNO_3$	0.734	0.657	0.606	0.567	0.536	0.509	0.464	0.429
2	$AlCl_3$	0.337	0.305	0.302	0.313	0.331	0.356	0.429	0.539
3	$Al_2(SO_4)_3$	0.035	0.0225	0.0176	0.0153	0.0143	0.0140	0.0149	0.0175
4	$BaCl_2$	0.500	0.444	0.419	0.405	0.397	0.391	0.391	0.395
5	$Ba(ClO_4)_2$	0.524	0.481	0.464	0.459	0.462	0.469	0.487	0.513
6	$BeSO_4$	0.150	0.109	0.0885	0.0759	0.0692	0.0639	0.0570	0.0530
7	$CaCl_2$	0.518	0.472	0.455	0.448	0.448	0.453	0.470	0.500
8	$Ca(ClO_4)_2$	0.557	0.532	0.532	0.544	0.564	0.589	0.654	0.743
9	$CdCl_2$	0.2280	0.1638	0.1329	0.1139	0.1006	0.0905	0.0765	0.0669

续附表 3.13

序号 (No.)	分子式 (Molecular formula)	溶液浓度 (Concentrations of solutions) / (mol/L)							
		0.1	0.2	0.3	0.4	0.5	0.6	0.8	1.0
10	$Cd(NO_3)_2$	0.513	0.464	0.442	0.430	0.425	0.423	0.425	0.433
11	$CdSO_4$	0.150	0.103	0.0822	0.0699	0.0615	0.0553	0.0468	0.0415
12	$CoCl_2$	0.522	0.479	0.463	0.459	0.462	0.470	0.492	0.531
13	$CrCl_3$	0.331	0.298	0.294	0.300	0.314	0.335	0.397	0.481
14	$Cr(NO_3)_3$	0.319	0.285	0.279	0.281	0.291	0.304	0.344	0.401
15	$Cr_2(SO_4)_3$	0.0458	0.0300	0.0238	0.0207	0.0190	0.0182	0.0185	0.0208
16	$CsBr$	0.754	0.694	0.654	0.626	0.603	0.506	0.558	0.530
17	$CsCl$	0.756	0.694	0.656	0.628	0.606	0.589	0.563	0.544
18	CsI	0.754	0.692	0.651	0.621	0.599	0.581	0.554	0.533
19	$CsNO_3$	0.733	0.655	0.602	0.561	0.528	0.501	0.458	0.422
20	$CsOH$	0.795	0.761	0.744	0.739	0.739	0.742	0.754	0.771
21	$CsAc$	0.799	0.771	0.761	0.759	0.762	0.768	0.783	0.802
22	Cs_2SO_4	0.456	0.382	0.338	0.311	0.291	0.274	0.251	0.235
23	$CuCl_2$	0.510	0.457	0.431	0.419	0.413	0.411	0.412	0.419
24	$Cu(NO_3)_2$	0.512	0.461	0.440	0.430	0.427	0.428	0.438	0.456
25	$CuSO_4$	0.150	0.104	0.083	0.070	0.062	0.056	0.048	0.042
26	$FeCl_2$	0.520	0.475	0.456	0.450	0.452	0.456	0.475	0.508
27	HBr	0.805	0.782	0.777	0.781	0.789	0.801	0.832	0.871
28	HCl	0.796	0.767	0.756	0.755	0.757	0.763	0.783	0.809
29	$HClO_4$	0.803	0.778	0.768	0.766	0.769	0.776	0.795	0.823
30	HI	0.818	0.807	0.811	0.823	0.839	0.860	0.908	0.963
31	HNO_3	0.791	0.754	0.735	0.725	0.720	0.717	0.718	0.724
32	H_2SO_4	0.246	0.209	0.183	0.167	0.156	0.148	0.137	0.132
33	KBr	0.772	0.722	0.693	0.673	0.657	0.646	0.629	0.617
34	KCl	0.770	0.718	0.688	0.666	0.649	0.637	0.618	0.604
35	$KCLO_3$	0.749	0.681	0.635	0.599	0.568	0.541	—	—

续附表 3.13

序号 (No.)	分子式 (Molecular formula)	溶液浓度（Concentrations of solutions）/（mol/L）							
		0.1	0.2	0.3	0.4	0.5	0.6	0.8	1.0
36	K_2CrO_4	0.456	0.382	0.340	0.313	0.292	0.276	0.253	0.235
37	KF	0.775	0.727	0.700	0.682	0.670	0.661	0.650	0.645
38	$K_3Fe(CN)_6$	0.268	0.212	0.184	0.167	0.155	0.146	0.135	0.128
39	$K_4Fe(CN)_6$	0.139	0.0993	0.0808	0.0693	0.0614	0.0556	0.0479	—
40	KH_2PO_4	0.731	0.653	0.602	0.561	0.529	0.501	0.456	0.421
41	KI	0.778	0.733	0.707	0.689	0.676	0.667	0.654	0.645
42	KNO_3	0.739	0.663	0.614	0.576	0.545	0.519	0.476	0.443
43	KOH	0.776	0.739	0.721	0.713	0.712	0.712	0.721	0.735
44	KAc	0.796	0.766	0.754	0.750	0.751	0.754	0.766	0.783
45	KSCN	0.769	0.716	0.685	0.663	0.646	0.633	0.614	0.599
46	K_2SO_4	0.436	0.356	0.313	0.283	0.261	0.243	—	—
47	LiAc	0.784	0.742	0.721	0.709	0.700	0.691	0.688	0.689
48	LiBr	0.796	0.766	0.756	0.752	0.753	0.758	0.777	0.803
49	LiCl	0.790	0.757	0.744	0.740	0.739	0.743	0.755	0.774
50	$LiClO_4$	0.812	0.794	0.792	0.798	0.808	0.820	0.852	0.887
51	$LiNO_3$	0.788	0.752	0.736	0.728	0.726	0.727	0.733	0.743
52	LiOH	0.760	0.702	0.665	0.638	0.617	0.599	0.573	0.554
53	Li_2SO_4	0.468	0.389	0.361	0.337	0.319	0.307	0.289	0.277
54	$MgCl_2$	0.528	0.488	0.476	0.474	0.480	0.490	0.521	0.569
55	$MgSO_4$	0.150	0.107	0.087	0.076	0.068	0.062	0.054	0.049
56	$MnCl_2$	0.518	0.471	0.452	0.444	0.442	0.445	0.457	0.481
57	$MnSO_4$	0.150	0.105	0.085	0.073	0.064	0.058	0.049	0.044
58	NH_4Cl	0.770	0.718	0.687	0.665	0.649	0.636	0.617	0.603
59	NH_4NO_3	0.740	0.677	0.636	0.606	0.582	0.562	0.530	0.504
60	$(NH_4)_2SO_4$	0.423	0.343	0.300	0.270	0.248	0.231	0.206	0.189
61	NaAc	0.791	0.757	0.744	0.737	0.735	0.736	0.745	0.757
62	NaBr	0.782	0.741	0.719	0.704	0.697	0.692	0.687	0.683
63	NaCl	0.778	0.735	0.710	0.693	0.681	0.673	0.662	0.657

续附表 3.13

序号 （No.）	分子式 （Molecular formula）	溶液浓度（Concentrations of solutions）/（mol/L）							
		0.1	0.2	0.3	0.4	0.5	0.6	0.8	1.0
64	$NaClO_3$	0.772	0.720	0.688	0.664	0.645	0.630	0.606	0.589
65	$NaClO_4$	0.775	0.729	0.701	0.683	0.668	0.656	0.641	0.629
66	Na_2CrO_4	0.464	0.394	0.353	0.327	0.307	0.292	0.269	0.253
67	NaF	0.765	0.710	0.676	0.651	0.632	0.616	0.592	0.573
68	NaH_2PO_4	0.744	0.675	0.629	0.593	0.563	0.539	0.499	0.468
69	NaI	0.787	0.751	0.735	0.727	0.723	0.723	0.727	0.736
70	$NaNO_3$	0.762	0.703	0.666	0.638	0.617	0.599	0.570	0.548
71	$NaOH$	0.764	0.725	0.706	0.695	0.688	0.683	0.677	0.677
72	$NaSCN$	0.787	0.750	0.731	0.720	0.715	0.712	0.710	0.712
73	Na_2SO_4	0.452	0.371	0.325	0.294	0.230	0.252	0.225	0.204
74	$NiCl_2$	0.522	0.479	0.463	0.460	0.464	0.471	0.496	0.563
75	$NiSO_4$	0.150	0.105	0.084	0.071	0.063	0.056	0.048	0.043
76	$Pb(NO_3)_2$	0.405	0.316	0.267	0.234	0.210	0.192	0.164	0.145
77	$RbAc$	0.796	0.767	0.756	0.753	0.755	0.759	0.773	0.792
78	$RbBr$	0.763	0.706	0.673	0.650	0.632	0.617	0.595	0.578
79	$RbCl$	0.764	0.709	0.675	0.652	0.634	0.620	0.599	0.583
80	RbI	0.762	0.705	0.671	0.647	0.629	0.614	0.591	0.575
81	$RbNO_3$	0.734	0.658	0.606	0.565	0.534	0.508	0.465	0.430
82	Rb_2SO_4	0.451	0.374	0.331	0.301	0.279	0.263	0.238	0.219
83	$SrCl_2$	0.511	0.461	0.442	0.433	0.430	0.431	0.441	0.461
84	$Sr(NO_3)_2$	0.478	0.410	0.373	0.348	0.329	0.314	0.292	0.275
85	$TlClO_4$	0.730	0.652	0.599	0.559	0.527	—	—	—
86	$TlNO_3$	0.702	0.606	0.545	0.500	—	—	—	—
87	UO_2Cl_2	0.539	0.505	0.497	0.500	0.512	0.527	0.565	0.614
88	$UO_2(NO_3)_2$	0.543	0.512	0.510	0.518	0.534	0.555	0.608	0.679
89	UO_2SO_4	0.150	0.102	0.0807	0.0689	0.0611	0.0566	0.0483	0.0439
90	$ZnCl_2$	0.518	0.465	0.435	0.413	0.396	0.382	0.359	0.341
91	$Zn(NO_3)_2$	0.530	0.487	0.472	0.463	0.471	0.478	0.499	0.533
92	$ZnSO_4$	0.150	0.104	0.084	0.071	0.063	0.057	0.049	0.044

附表 3.14 标准电极电势

序号 (No.)	电极过程(Electrode process)	E^A/V	序号 (No.)	电极过程(Electrode process)	E^A/V
1	$Ag^+ + e = Ag$	0.7996	33	$As + 3H_2O + 3e = AsH_3 + 3OH^-$	−1.37
2	$Ag^{2+} + e = Ag^+$	1.980	34	$As_2O_3 + 6H^+ + 6e = 2As + 3H_2O$	0.234
3	$AgBr + e = Ag + Br^-$	0.0713	35	$HAsO_2 + 3H^+ + 3e = As + 2H_2O$	0.248
4	$AgBrO_3 + e = Ag + BrO_3^-$	0.546	36	$AsO_2^- + 2H_2O + 3e = As + 4OH^-$	−0.68
5	$AgCl + e = Ag + Cl^-$	0.222	37	$H_3AsO_4 + 2H^+ + 2e = HAsO_2 + 2H_2O$	0.560
6	$AgCN + e = Ag + CN^-$	−0.017	38	$AsO_4^{3-} + 2H_2O + 2e = AsO_2^- + 4OH^-$	−0.71
7	$Ag_2CO_3 + 2e = 2Ag + CO_3^{2-}$	0.470	39	$AsS_2^- + 3e = As + 2S^{2-}$	−0.75
8	$Ag_2C_2O_4 + 2e = 2Ag + C_2O_4^{2-}$	0.465	40	$AsS_4^{3-} + 2e = AsS_2^- + 2S^{2-}$	−0.60
9	$Ag_2CrO_4 + 2e = 2Ag + CrO_4^{2-}$	0.447	41	$Au^+ + e = Au$	1.692
10	$AgF + e = Ag + F^-$	0.779	42	$Au^{3+} + 3e = Au$	1.498
11	$Ag_4[Fe(CN)_6] + 4e = 4Ag + [Fe(CN)_6]^{4-}$	0.148	43	$Au^{3+} + 2e = Au^+$	1.401
12	$AgI + e = Ag + I^-$	−0.152	44	$AuBr_2^- + e = Au + 2Br^-$	0.959
13	$AgIO_3 + e = Ag + IO_3^-$	0.354	45	$AuBr_4^- + 3e = Au + 4Br^-$	0.854
14	$Ag_2MoO_4 + 2e = 2Ag + MoO_4^{2-}$	0.457	46	$AuCl_2^- + e = Au + 2Cl^-$	1.15
15	$[Ag(NH_3)_2]^+ + e = Ag + 2NH_3$	0.373	47	$AuCl_4^- + 3e = Au + 4Cl^-$	1.002
16	$AgNO_2 + e = Ag + NO_2^-$	0.564	48	$AuI + e = Au + I^-$	0.50
17	$Ag_2O + H_2O + 2e = 2Ag + 2OH^-$	0.342	49	$Au(SCN)_4^- + 3e = Au + 4SCN^-$	0.66
18	$2AgO + H_2O + 2e = Ag_2O + 2OH^-$	0.607	50	$Au(OH)_3 + 3H^+ + 3e = Au + 3H_2O$	1.45
19	$Ag_2S + 2e = 2Ag + S^{2-}$	−0.691	51	$BF_4^- + 3e = B + 4F^-$	−1.04
20	$Ag_2S + 2H^+ + 2e = 2Ag + H_2S$	−0.0366	52	$H_2BO_3^- + H_2O + 3e = B + 4OH^-$	−1.79
21	$AgSCN + e = Ag + SCN^-$	0.0895	53	$B(OH)_3 + 7H^+ + 8e = BH_4^- + 3H_2O$	−0.048
22	$Ag_2SeO_4 + 2e = 2Ag + SeO_4^{2-}$	0.363	54	$Ba^{2+} + 2e = Ba$	−2.912
23	$Ag_2SO_4 + 2e = 2Ag + SO_4^{2-}$	0.654	55	$Ba(OH)_2 + 2e = Ba + 2OH^-$	−2.99
24	$Ag_2WO_4 + 2e = 2Ag + WO_4^{2-}$	0.466	56	$Be^{2+} + 2e = Be$	−1.847
25	$Al_3 + 3e = Al$	−1.662	57	$Be_2O_3^{2-} + 3H_2O + 4e = 2Be + 6OH^-$	−2.63
26	$AlF_6^{3-} + 3e = Al + 6F^-$	−2.069	58	$Bi^+ + e = Bi$	0.5
27	$Al(OH)_3 + 3e = Al + 3OH^-$	−2.31	59	$Bi^{3+} + 3e = Bi$	0.308
28	$AlO_2^- + 2H_2O + 3e = Al + 4OH^-$	−2.35	60	$BiCl_4^- + 3e = Bi + 4Cl^-$	0.16
29	$Am^{3+} + 3e = Am$	−2.048	61	$BiOCl + 2H^+ + 3e = Bi + Cl^- + H_2O$	0.16
30	$Am^{4+} + e = Am^{3+}$	2.60	62	$Bi_2O_3 + 3H_2O + 6e = 2Bi + 6OH^-$	−0.46
31	$AmO_2^{2+} + 4H^+ + 3e = Am^{3+} + 2H_2O$	1.75	63	$Bi_2O_4 + 4H^+ + 2e = 2BiO^+ + 2H_2O$	1.593
32	$As + 3H^+ + 3e = AsH_3$	−0.608	64	$Bi_2O_4 + H_2O + 2e = Bi_2O_3 + 2OH^-$	0.56

续附表 3.14

序号 (No.)	电极过程(Electrode process)	E^A/V	序号 (No.)	电极过程(Electrode process)	E^A/V
65	$Br_2(水溶液，aq) + 2e = 2Br^-$	1.087	95	$ClO_2^- + 2H_2O + 4e = Cl^- + 4OH^-$	0.76
66	$Br_2(液体) + 2e = 2Br^-$	1.066	96	$2ClO_3^- + 12H^+ + 10e = Cl_2 + 6H_2O$	1.47
67	$BrO^- + H_2O + 2e = Br^- + 2OH$	0.761	97	$ClO_3^- + 6H^+ + 6e = Cl^- + 3H_2O$	1.451
68	$BrO_3^- + 6H^+ + 6e = Br^- + 3H_2O$	1.423	98	$ClO_3^- + 3H_2O + 6e = Cl^- + 6OH^-$	0.62
69	$BrO_3^- + 3H_2O + 6e = Br^- + 6OH^-$	0.61	99	$ClO_4^- + 8H^+ + 8e = Cl^- + 4H_2O$	1.38
70	$2BrO_3^- + 12H^+ + 10e = Br_2 + 6H_2O$	1.482	100	$2ClO_4^- + 16H^+ + 14e = Cl_2 + 8H_2O$	1.39
71	$HBrO + H^+ + 2e = Br^- + H_2O$	1.331	101	$Cm^{3+} + 3e = Cm$	− 2.04
72	$2HBrO + 2H^+ + 2e = Br_2$ $(水溶液，aq) + 2H_2O$	1.574	102	$Co^{2+} + 2e = Co$	− 0.28
73	$CH_3OH + 2H^+ + 2e = CH_4 + H_2O$	0.59	103	$[Co(NH_3)_6]^{3+} + e = [Co(NH_3)_6]^{2+}$	0.108
74	$HCHO + 2H^+ + 2e = CH_3OH$	0.19	104	$[Co(NH_3)_6]^{2+} + 2e = Co + 6NH_3$	− 0.43
75	$CH_3COOH + 2H^+ + 2e = CH_3CHO + H_2O$	− 0.12	105	$Co(OH)_2 + 2e = Co + 2OH^-$	− 0.73
76	$(CN)_2 + 2H^+ + 2e = 2HCN$	0.373	106	$Co(OH)_3 + e = Co(OH)_2 + OH^-$	0.17
77	$(CNS)_2 + 2e = 2CNS^-$	0.77	107	$Cr^{2+} + 2e = Cr$	− 0.913
78	$CO_2 + 2H^+ + 2e = CO + H_2O$	− 0.12	108	$Cr^{3+} + e = Cr^{2+}$	− 0.407
79	$CO_2 + 2H^+ + 2e = HCOOH$	− 0.199	109	$Cr^{3+} + 3e = Cr$	− 0.744
80	$Ca^{2+} + 2e = Ca$	− 2.868	110	$[Cr(CN)_6]^{3-} + e = [Cr(CN)_6]^{4-}$	− 1.28
81	$Ca(OH)_2 + 2e = Ca + 2OH^-$	− 3.02	111	$Cr(OH)_3 + 3e = Cr + 3OH^-$	− 1.48
82	$Cd^{2+} + 2e = Cd$	− 0.403	112	$Cr_2O_7^{2-} + 14H^+ + 6e = 2Cr^{3+} + 7H_2O$	1.232
83	$Cd^{2+} + 2e = Cd(Hg)$	− 0.352	113	$CrO_2^- + 2H_2O + 3e = Cr + 4OH^-$	− 1.2
84	$Cd(CN)_4^{2-} + 2e = Cd + 4CN^-$	− 1.09	114	$HCrO_4^- + 7H^+ + 3e = Cr^{3+} + 4H_2O$	1.350
85	$CdO + H_2O + 2e = Cd + 2OH^-$	− 0.783	115	$CrO_4^{2-} + 4H_2O + 3e = Cr(OH)_3 + 5OH^-$	− 0.13
86	$CdS + 2e = Cd + S^{2-}$	− 1.17	116	$Cs^+ + e = Cs$	− 2.92
87	$CdSO_4 + 2e = Cd + SO_4^{2-}$	− 0.246	117	$Cu^+ + e = Cu$	0.521
88	$Ce^{3+} + 3e = Ce$	− 2.336	118	$Cu^{2+} + 2e = Cu$	0.342
89	$Ce^{3+} + 3e = Ce(Hg)$	− 1.437	119	$Cu^{2+} + 2e = Cu(Hg)$	0.345
90	$CeO_2 + 4H^+ + e = Ce^{3+} + 2H_2O$	1.4	120	$Cu^{2+} + Br^- + e = CuBr$	0.66
91	$Cl_2(气体) + 2e = 2Cl^-$	1.358	121	$Cu^{2+} + Cl^- + e = CuCl$	0.57
92	$ClO^- + H_2O + 2e = Cl^- + 2OH^-$	0.89	122	$Cu^{2+} + I^- + e = CuI$	0.86
93	$HClO + H^+ + 2e = Cl^- + H_2O$	1.482	123	$Cu^{2+} + 2CN^- + e = [Cu(CN)_2]^-$	1.103
94	$2HClO + 2H^+ + 2e = Cl_2 + 2H_2O$	1.611	124	$CuBr_2^- + e = Cu + 2Br^-$	0.05

续附表 3.14

序号 (No.)	电极过程(Electrode process)	E^A/V	序号 (No.)	电极过程(Electrode process)	E^A/V
125	$CuCl_2^- + e = Cu + 2Cl^-$	0.19	157	$GeO_2 + 2H^+ + 2e = GeO(棕色) + H_2O$	-0.118
126	$CuI_2^- + e = Cu + 2I^-$	0.00	158	$GeO_2 + 2H^+ + 2e = GeO(黄色) + H_2O$	-0.273
127	$Cu_2O + H_2O + 2e = 2Cu + 2OH^-$	-0.360	159	$H_2GeO_3 + 4H^+ + 4e = Ge + 3H_2O$	-0.182
128	$Cu(OH)_2 + 2e = Cu + 2OH^-$	-0.222	160	$2H^+ + 2e = H_2$	0.0000
129	$2Cu(OH)_2 + 2e = Cu_2O + 2OH^- + H_2O$	-0.080	161	$H_2 + 2e = 2H^-$	-2.25
130	$CuS + 2e = Cu + S^{2-}$	-0.70	162	$2H_2O + 2e = H_2 + 2OH^-$	-0.8277
131	$CuSCN + e = Cu + SCN^-$	-0.27	163	$Hf^{4+} + 4e = Hf$	-1.55
132	$Dy^{2+} + 2e = Dy$	-2.2	164	$Hg^{2+} + 2e = Hg$	0.851
133	$Dy^{3+} + 3e = Dy$	-2.295	165	$Hg_2^{2+} + 2e = 2Hg$	0.797
134	$Er^{2+} + 2e = Er$	-2.0	166	$2Hg^{2+} + 2e = Hg_2^{2+}$	0.920
135	$Er^{3+} + 3e = Er$	-2.331	167	$Hg_2Br_2 + 2e = 2Hg + 2Br^-$	0.1392
136	$Es^{2+} + 2e = Es$	-2.23	168	$HgBr_4^{2-} + 2e = Hg + 4Br^-$	0.21
137	$Es^{3+} + 3e = Es$	-1.91	169	$Hg_2Cl_2 + 2e = 2Hg + 2Cl^-$	0.2681
138	$Eu^{2+} + 2e = Eu$	-2.812	170	$2HgCl_2 + 2e = Hg_2Cl_2 + 2Cl^-$	0.63
139	$Eu^{3+} + 3e = Eu$	-1.991	171	$Hg_2CrO_4 + 2e = 2Hg + CrO_4^{2-}$	0.54
140	$F_2 + 2H^+ + 2e = 2HF$	3.053	172	$Hg_2I_2 + 2e = 2Hg + 2I^-$	-0.0405
141	$F_2O + 2H^+ + 4e = H_2O + 2F^-$	2.153	173	$Hg_2O + H_2O + 2e = 2Hg + 2OH^-$	0.123
142	$Fe^{2+} + 2e = Fe$	-0.447	174	$HgO + H_2O + 2e = Hg + 2OH^-$	0.0977
143	$Fe^{3+} + 3e = Fe$	-0.037	175	$HgS(红色) + 2e = Hg + S^{2-}$	-0.70
144	$[Fe(CN)_6]^{3-} + e = [Fe(CN)_6]^{4-}$	0.358	176	$HgS(黑色) + 2e = Hg + S^{2-}$	-0.67
145	$[Fe(CN)_6]^{4-} + 2e = Fe + 6CN^-$	-1.5	177	$Hg_2(SCN)_2 + 2e = 2Hg + 2SCN^-$	0.22
146	$FeF_6^{3-} + e = Fe^{2+} + 6F^-$	0.4	178	$Hg_2SO_4 + 2e = 2Hg + SO_4^{2-}$	0.613
147	$Fe(OH)_2 + 2e = Fe + 2OH^-$	-0.877	179	$Ho^{2+} + 2e = Ho$	-2.1
148	$Fe(OH)_3 + e = Fe(OH)_2 + OH^-$	-0.56	180	$Ho^{3+} + 3e = Ho$	-2.33
149	$Fe_3O_4 + 8H^+ + 2e = 3Fe^{2+} + 4H_2O$	1.23	181	$I_2 + 2e = 2I^-$	0.5355
150	$Fm^{3+} + 3e = Fm$	-1.89	182	$I_3^- + 2e = 3I^-$	0.536
151	$Fr^+ + e = Fr$	-2.9	183	$2IBr + 2e = I_2 + 2Br^-$	1.02
152	$Ga^{3+} + 3e = Ga$	-0.549	184	$ICN + 2e = I^- + CN^-$	0.30
153	$H_2GaO_3^- + H_2O + 3e = Ga + 4OH^-$	-1.29	185	$2HIO + 2H^+ + 2e = I_2 + 2H_2O$	1.439
154	$Gd^{3+} + 3e = Gd$	-2.279	186	$HIO + H^+ + 2e = I^- + H_2O$	0.987
155	$Ge^{2+} + 2e = Ge$	0.24	187	$IO^- + H_2O + 2e = I^- + 2OH^-$	0.485
156	$Ge^{4+} + 2e = Ge^{2+}$	0.0	188	$2IO_3^- + 12H^+ + 10e = I_2 + 6H_2O$	1.195

续附表 3.14

序号 (No.)	电极过程(Electrode process)	E^{A}/V	序号 (No.)	电极过程(Electrode process)	E^{A}/V
189	$IO_3^- + 6H^+ + 6e = I^- + 3H_2O$	1.085	221	$2NO + H_2O + 2e = N_2O + 2OH^-$	0.76
190	$IO_3^- + 2H_2O + 4e = IO^- + 4OH^-$	0.15	222	$2HNO_2 + 4H^+ + 4e = N_2O + 3H_2O$	1.297
191	$IO_3^- + 3H_2O + 6e = I^- + 6OH^-$	0.26	223	$NO_3^- + 3H^+ + 2e = HNO_2 + H_2O$	0.934
192	$2IO_3^- + 6H_2O + 10e = I_2 + 12OH^-$	0.21	224	$NO_3^- + H_2O + 2e = NO_2^- + 2OH^-$	0.01
193	$H_5IO_6 + H^+ + 2e = IO_3^- + 3H_2O$	1.601	225	$2NO_3^- + 2H_2O + 2e = N_2O_4 + 4OH^-$	−0.85
194	$In^+ + e = In$	−0.14	226	$Na^+ + e = Na$	−2.713
195	$In^{3+} + 3e = In$	−0.338	227	$Nb^{3+} + 3e = Nb$	−1.099
196	$In(OH)_3 + 3e = In + 3OH^-$	−0.99	228	$NbO_2 + 4H^+ + 4e = Nb + 2H_2O$	−0.690
197	$Ir^{3+} + 3e = Ir$	1.156	229	$Nb_2O_5 + 10H^+ + 10e = 2Nb + 5H_2O$	−0.644
198	$IrBr_6^{2-} + e = IrBr_6^{3-}$	0.99	230	$Nd^{2+} + 2e = Nd$	−2.1
199	$IrCl_6^{2-} + e = IrCl_6^{3-}$	0.867	231	$Nd^{3+} + 3e = Nd$	−2.323
200	$K^+ + e = K$	−2.931	232	$Ni^{2+} + 2e = Ni$	−0.257
201	$La^{3+} + 3e = La$	−2.379	233	$NiCO_3 + 2e = Ni + CO_3^{2-}$	−0.45
202	$La(OH)_3 + 3e = La + 3OH^-$	−2.90	234	$Ni(OH)_2 + 2e = Ni + 2OH^-$	−0.72
203	$Li^+ + e = Li$	−3.040	235	$NiO_2 + 4H^+ + 2e = Ni^{2+} + 2H_2O$	1.678
204	$Lr^{3+} + 3e = Lr$	−1.96	236	$No^{2+} + 2e = No$	−2.50
205	$Lu^{3+} + 3e = Lu$	−2.28	237	$No^{3+} + 3e = No$	−1.20
206	$Md^{2+} + 2e = Md$	−2.40	238	$Np^{3+} + 3e = Np$	−1.856
207	$Md^{3+} + 3e = Md$	−1.65	239	$NpO_2 + H_2O + H^+ + e = Np(OH)_3$	−0.962
208	$Mg^{2+} + 2e = Mg$	−2.372	240	$O_2 + 4H^+ + 4e = 2H_2O$	1.229
209	$Mg(OH)_2 + 2e = Mg + 2OH^-$	−2.690	241	$O_2 + 2H_2O + 4e = 4OH^-$	0.401
210	$Mn^{2+} + 2e = Mn$	−1.185	242	$O_3 + H_2O + 2e = O_2 + 2OH^-$	1.24
211	$Mn^{3+} + 3e = Mn$	1.542	243	$Os^{2+} + 2e = Os$	0.85
212	$MnO_2 + 4H^+ + 2e = Mn^{2+} + 2H_2O$	1.224	244	$OsCl_6^{3-} + e = Os^{2+} + 6Cl^-$	0.4
213	$MnO_4^- + 4H^+ + 3e = MnO_2 + 2H_2O$	1.679	245	$OsO_2 + 2H_2O + 4e = Os + 4OH^-$	−0.15
214	$MnO_4^- + 8H^+ + 5e = Mn^{2+} + 4H_2O$	1.507	246	$OsO_4 + 8H^+ + 8e = Os + 4H_2O$	0.838
215	$MnO_4^- + 2H_2O + 3e = MnO_2 + 4OH^-$	0.595	247	$OsO_4 + 4H^+ + 4e = OsO_2 + 2H_2O$	1.02
216	$Mn(OH)_2 + 2e = Mn + 2OH^-$	−1.56	248	$P + 3H_2O + 3e = PH_3(g) + 3OH^-$	−0.87
217	$Mo^{3+} + 3e = Mo$	−0.200	249	$H_2PO_2^- + e = P + 2OH^-$	−1.82
218	$MoO_4^{2-} + 4H_2O + 6e = Mo + 8OH^-$	−1.05	250	$H_3PO_3 + 2H^+ + 2e = H_3PO_2 + H_2O$	−0.499
219	$N_2 + 2H_2O + 6H^+ + 6e = 2NH_4OH$	0.092	251	$H_3PO_3 + 3H^+ + 3e = P + 3H_2O$	−0.454
220	$2NH_3OH^+ + H^+ + 2e = N_2H_5^+ + 2H_2O$	1.42	252	$H_3PO_4 + 2H^+ + 2e = H_3PO_3 + H_2O$	−0.276

续附表 3.14

序号 (No.)	电极过程(Electrode process)	E^A/V	序号 (No.)	电极过程(Electrode process)	E^A/V
253	$PO_4^{3-} + 2H_2O + 2e = HPO_3^{2-} + 3OH^-$	-1.05	285	$Ra^{2+} + 2e = Ra$	-2.8
254	$Pa^{3+} + 3e = Pa$	-1.34	286	$Rb^+ + e = Rb$	-2.98
255	$Pa^{4+} + 4e = Pa$	-1.49	287	$Re^{3+} + 3e = Re$	0.300
256	$Pb^{2+} + 2e = Pb$	-0.126	288	$ReO_2 + 4H^+ + 4e = Re + 2H_2O$	0.251
257	$Pb^{2+} + 2e = Pb(Hg)$	-0.121	289	$ReO_4^- + 4H^+ + 3e = ReO_2 + 2H_2O$	0.510
258	$PbBr_2 + 2e = Pb + 2Br^-$	-0.284	290	$ReO_4^- + 4H_2O + 7e = Re + 8OH^-$	-0.584
259	$PbCl_2 + 2e = Pb + 2Cl^-$	-0.268	291	$Rh^{2+} + 2e = Rh$	0.600
260	$PbCO_3 + 2e = Pb + CO_3^{2-}$	-0.506	292	$Rh^{3+} + 3e = Rh$	0.758
261	$PbF_2 + 2e = Pb + 2F^-$	-0.344	293	$Ru^{2+} + 2e = Ru$	0.455
262	$PbI_2 + 2e = Pb + 2I^-$	-0.365	294	$RuO_2 + 4H^+ + 2e = Ru^{2+} + 2H_2O$	1.120
263	$PbO + H_2O + 2e = Pb + 2OH^-$	-0.580	295	$RuO_4 + 6H^+ + 4e = Ru(OH)_2^{2+} + 2H_2O$	1.40
264	$PbO + 4H^+ + 2e = Pb + H_2O$	0.25	296	$S + 2e = S^{2-}$	-0.476
265	$PbO_2 + 4H^+ + 2e = Pb^2 + 2H_2O$	1.455	297	$S + 2H^+ + 2e = H_2S(水溶液，aq)$	0.142
266	$HPbO_2^- + H_2O + 2e = Pb + 3OH^-$	-0.537	298	$S_2O_6^{2-} + 4H^+ + 2e = 2H_2SO_3$	0.564
267	$PbO_2 + SO_4^{2-} + 4H^+ + 2e = PbSO_4 + 2H_2O$	1.691	299	$2SO_3^{2-} + 3H_2O + 4e = S_2O_3^{2-} + 6OH^-$	-0.571
268	$PbSO_4 + 2e = Pb + SO_4^{2-}$	-0.359	300	$2SO_3^{2-} + 2H_2O + 2e = S_2O_4^{2-} + 4OH^-$	-1.12
269	$Pd^{2+} + 2e = Pd$	0.915	301	$SO_4^{2-} + H_2O + 2e = SO_3^{2-} + 2OH^-$	-0.93
270	$PdBr_4^{2-} + 2e = Pd + 4Br^-$	0.6	302	$Sb + 3H^+ + 3e = SbH_3$	-0.510
271	$PdO_2 + H_2O + 2e = PdO + 2OH^-$	0.73	303	$Sb_2O_3 + 6H^+ + 6e = 2Sb + 3H_2O$	0.152
272	$Pd(OH)_2 + 2e = Pd + 2OH^-$	0.07	304	$Sb_2O_5 + 6H^+ + 4e = 2SbO^+ + 3H_2O$	0.581
273	$Pm^{2+} + 2e = Pm$	-2.20	305	$SbO_3^- + H_2O + 2e = SbO_2^- + 2OH^-$	-0.59
274	$Pm^{3+} + 3e = Pm$	-2.30	306	$Sc^{3+} + 3e = Sc$	-2.077
275	$Po^{4+} + 4e = Po$	0.76	307	$Sc(OH)_3 + 3e = Sc + 3OH^-$	-2.6
276	$Pr^{2+} + 2e = Pr$	-2.0	308	$Se + 2e = Se^{2-}$	-0.924
277	$Pr^{3+} + 3e = Pr$	-2.353	309	$Se + 2H^+ + 2e = H_2Se(水溶液，aq)$	-0.399
278	$Pt^{2+} + 2e = Pt$	1.18	310	$H_2SeO_3 + 4H^+ + 4e = Se + 3H_2O$	-0.74
279	$[PtCl_6]^{2-} + 2e = [PtCl_4]^{2-} + 2Cl^-$	0.68	311	$SeO_3^{2-} + 3H_2O + 4e = Se + 6OH^-$	-0.366
280	$Pt(OH)_2 + 2e = Pt + 2OH^-$	0.14	312	$SeO_4^{2-} + H_2O + 2e = SeO_3^{2-} + 2OH^-$	0.05
281	$PtO_2 + 4H^+ + 4e = Pt + 2H_2O$	1.00	313	$Si + 4H^+ + 4e = SiH_4(气体)$	0.102
282	$PtS + 2e = Pt + S^{2-}$	-0.83	314	$Si + 4H_2O + 4e = SiH_4 + 4OH^-$	-0.73
283	$Pu^{3+} + 3e = Pu$	-2.031	315	$SiF_6^{2-} + 4e = Si + 6F^-$	-1.24
284	$Pu^{5+} + e = Pu^{4+}$	1.099	316	$SiO_2 + 4H^+ + 4e = Si + 2H_2O$	-0.857

续附表 3.14

序号 (No.)	电极过程(Electrode process)	E^A/V	序号 (No.)	电极过程(Electrode process)	E^A/V
317	$SiO_3^{2-} + 3H_2O + 4e = Si + 6OH^-$	-1.697	345	$TlBr + e = Tl + Br^-$	-0.658
318	$Sm^{2+} + 2e = Sm$	-2.68	346	$TlCl + e = Tl + Cl^-$	-0.557
319	$Sm^{3+} + 3e = Sm$	-2.304	347	$TlI + e = Tl + I^-$	-0.752
320	$Sn^{2+} + 2e = Sn$	-0.138	348	$Tl_2O_3 + 3H_2O + 4e = 2Tl^+ + 6OH^-$	0.02
321	$Sn^{4+} + 2e = Sn^{2+}$	0.151	349	$TlOH + e = Tl + OH^-$	-0.34
322	$SnCl_4^{2-} + 2e = Sn + 4Cl^-(1\ mol/L\ HCl)$	-0.19	350	$Tl_2SO_4 + 2e = 2Tl + SO_4^{2-}$	-0.436
323	$SnF_6^{2-} + 4e = Sn + 6F^-$	-0.25	351	$Tm^{2+} + 2e = Tm$	-2.4
324	$Sn(OH)_3^- + 3H^+ + 2e = Sn^{2+} + 3H_2O$	0.142	352	$Tm^{3+} + 3e = Tm$	-2.319
325	$SnO_2 + 4H^+ + 4e = Sn + 2H_2O$	-0.117	353	$U^{3+} + 3e = U$	-1.798
326	$Sn(OH)_6^{2-} + 2e = HSnO_2^- + 3OH^- + H_2O$	-0.93	354	$UO_2 + 4H^+ + 4e = U + 2H_2O$	-1.40
327	$Sr^{2+} + 2e = Sr$	-2.899	355	$UO_2^+ + 4H^+ + e = U^{4+} + 2H_2O$	0.612
328	$Sr^{2+} + 2e = Sr(Hg)$	-1.793	356	$UO_2^{2+} + 4H^+ + 6e = U + 2H_2O$	-1.444
329	$Sr(OH)_2 + 2e = Sr + 2OH^-$	-2.88	357	$V^{2+} + 2e = V$	-1.175
330	$Ta^{3+} + 3e = Ta$	-0.6	358	$VO^{2+} + 2H^+ + e = V^{3+} + H_2O$	0.337
331	$Tb^{3+} + 3e = Tb$	-2.28	359	$VO_2^+ + 2H^+ + e = VO^{2+} + H_2O$	0.991
332	$Tc^{2+} + 2e = Tc$	0.400	360	$VO_2^+ + 4H^+ + 2e = V^{3+} + 2H_2O$	0.668
333	$TcO_4^- + 8H^+ + 7e = Tc + 4H_2O$	0.472	361	$V_2O_5 + 10H^+ + 10e = 2V + 5H_2O$	-0.242
334	$TcO_4^- + 2H_2O + 3e = TcO_2 + 4OH^-$	-0.311	362	$W^{3+} + 3e = W$	0.1
335	$Te + 2e = Te^{2-}$	-1.143	363	$WO_3 + 6H^+ + 6e = W + 3H_2O$	-0.090
336	$Te^{4+} + 4e = Te$	0.568	364	$W_2O_5 + 2H^+ + 2e = 2WO_2 + H_2O$	-0.031
337	$Th^{4+} + 4e = Th$	-1.899	365	$Y^{3+} + 3e = Y$	-2.372
338	$Ti^{2+} + 2e = Ti$	-1.630	366	$Yb^{2+} + 2e = Yb$	-2.76
339	$Ti^{3+} + 3e = Ti$	-1.37	367	$Yb^{3+} + 3e = Yb$	-2.19
340	$TiO_2 + 4H^+ + 2e = Ti^{2+} + 2H_2O$	-0.502	368	$Zn^{2+} + 2e = Zn$	-0.7618
341	$TiO^{2+} + 2H^+ + e = Ti^{3+} + H_2O$	0.1	369	$Zn^{2+} + 2e = Zn(Hg)$	-0.7628
342	$Tl^+ + e = Tl$	-0.336	370	$Zn(OH)_2 + 2e = Zn + 2OH^-$	-1.249
343	$Tl^{3+} + 3e = Tl$	0.741	371	$ZnS + 2e = Zn + S^{2-}$	-1.40
344	$Tl^{3+} + Cl^- + 2e = TlCl$	1.36	372	$ZnSO_4 + 2e = Zn(Hg) + SO_4^{2-}$	-0.799

附表 3.15 25 ℃ 时普通电极反应的超电势

电极名称	电流密度 $I/$（A/m^2）				
	10	100	1000	5000	50000
H$_2$（1 mol/L H$_2$SO$_4$ 溶液）					
Ag	0.097	0.13	0.3	0.48	0.69
Al	0.3	0.83	1.00	1.29	—
Au	0.017	—	0.1	0.24	0.33
Bi	0.39	0.4	—	0.78	0.98
Cd	—	1.13	1.22	1.25	
Co	—	0.2	—	—	—
Cr	—	0.4	—	—	—
Cu	—		0.35	0.48	0.55
Fe		0.56	0.82	1.29	—
石墨 C	0.002		0.32	0.60	0.73
Hg	0.8	0.93	1.03	1.07	—
Ir	0.0026	0.2	—	—	—
Ni	0.14	0.3	—	0.56	0.71
Pb	0.40	0.4	—	0.52	1.06
Pd	0	0.04	—	—	—
Pt（光滑的）	0.0000	0.16	0.29	0.68	—
Pt（镀铂黑的）	0.0000	0.030	0.041	0.048	0.051
Sb	—	0.4	—	—	—
Sn	—	0.5	1.2	—	—
Ta	—	0.39	0.4	—	—
Zn	0.48	0.75	1.06	1.23	—
O$_2$（1 mol/L KOH 溶液）					
Ag	0.58	0.73	0.98	—	1.13
Au	0.67	0.96	1.24	—	1.63
Cu	0.42	0.58	0.66	—	0.79
石墨 C	0.53	0.90	1.09	—	1.24
Ni	0.35	0.52	0.73	—	0.85
Pt（光滑的）	0.72	0.85	1.28	—	1.49
Pt（镀铂黑的）	0.40	0.52	0.64	—	0.77

续附表 3.15

电极名称	电流密度 $I/$（A/m^2）				
	10	100	1000	5000	50000
Cl_2（饱和 NaCl 溶液）					
石墨 C	—	—	0.25	0.42	0.53
Pt（光滑的）	0.008	0.03	0.054	0.161	0.236
Pt（镀铂黑的）	0.006		0.026	0.05	—
Br_2（饱和 NaBr 溶液）					
石墨 C	—	0.002	0.027	0.16	0.33
Pt（光滑的）		0.002		0.26	—
Pt（镀铂黑的）		0.002	0.012	0.069	0.21
I_2（饱和 NaI 溶液）					
石墨 C	0.002	0.014	0.097	—	—
Pt（光滑的）	—	0.003	0.03	0.12	0.22
Pt（镀铂黑的）	—	0.006	0.032	—	0.196

附表 3.16　几种溶剂的凝固点降低常数值

溶剂	水	醋酸	苯	环己烷	环己醇	萘	四氯化碳	三溴甲烷
T_f^*/K	273.15	289.75	278.65	279.65	297.05	383.5	250.20	280.95
$K_f/(K \cdot kg \cdot mol^{-1})$	1.86	3.90	5.12	20	39.3	6.9	29.8	14.4

附表 3.17　KCl 溶液的电导率　　　　　　单位：$S \cdot cm^{-1}$

$t/°C$	$C/(mol \cdot L^{-1})$			
	1.000	0.1000	0.0200	0.0100
0	0.06541	0.00715	0.001521	0.000776
5	0.07414	0.00822	0.001752	0.000896
10	0.08319	0.00933	0.001994	0.001020
15	0.09252	0.01048	0.002243	0.001147
16	0.09441	0.01072	0.002294	0.001173
17	0.09631	0.01095	0.002345	0.001199
18	0.09822	0.01119	0.002397	0.001225
19	0.10014	0.01143	0.002449	0.001251
20	0.10207	0.01167	0.002501	0.001278
21	0.10400	0.01191	0.002553	0.001305
22	0.10594	0.01215	0.002606	0.001332
23	0.10789	0.01239	0.002659	0.001359
24	0.10984	0.01264	0.002712	0.001386
25	0.11180	0.01288	0.002765	0.001413
26	0.11377	0.01313	0.002819	0.001441
27	0.11574	0.01337	0.002873	0.001468

附表 3.18　醋酸的标准电离平衡常数

$T/°C$	$K_a^{\ominus}/\times10^{-5}$	$T/°C$	$K_a^{\ominus}/\times10^{-5}$	$T/°C$	$K_a^{\ominus}/\times10^{-5}$
0	1.657	20	1.753	40	1.703
5	1.700	25	1.754	45	1.670
10	1.729	30	1.750	50	1.633
15	1.745	35	1.728		

附表 3.19　不同温度下 KCl 在水中的溶解热

（此溶解热是指 1 mol KCl 溶于 200 mol 的水）

$t/°C$	$\Delta_{sol}H_m/kJ$	$t/°C$	$\Delta_{sol}H_m/kJ$
10	19.895	20	18.297
11	19.795	21	18.146
12	19.623	22	17.995
13	19.598	23	17.682
14	19.276	24	17.703
15	19.100	25	17.556
16	18.933	26	17.414
17	18.765	27	17.272
18	18.602	28	17.138
19	18.443	29	17.004

附表 3.20　一些电解质水溶液的摩尔电导率（25 ℃，$S\cdot cm^2\cdot mol^{-1}$）

$c/mol\cdot L^{-1}$ 化合物	无限稀释	0.0005	0.001	0.005	0.01	0.02	0.05	0.1
NaCl	126.39	124.44	123.68	120.59	118.45	115.70	111.01	106.69
KCl	149.79	147.74	146.88	143.48	141.20	138.27	133.30	128.90
HCl	425.95	422.53	421.15	415.59	411.80	407.04	398.89	391.13
NaAc	91.0	89.2	88.5	85.68	83.72	81.20	76.88	72.76
1/2H$_2$SO$_4$	429.6	413.1	399.5	369.4	336.4	—	272.6	250.8
HAc	390.7	67.7	49.2	22.9	16.3	7.4	—	—
NH$_4$Cl	149.6	—	146.7	134.4	141.21	138.25	133.22	128.69

附表 3.21　气体在水中的溶解度

气体	溶解度符号	温度/℃								
		0	10	20	30	40	50	60	80	100
H$_2$	$\alpha\times10^2$	2.17	1.98	1.82	1.72	1.66	1.63	1.62	1.60	1.60
	$q\times10^4$	1.92	1.74	1.60	1.47	1.39	1.29	1.18	0.79	0
He	$\alpha\times10^2$	0.97	0.991	0.994	1.003	1.021	1.07	—	—	—
	$q\times10^4$	—	1.75	1.74	1.72	1.70	1.69	—	—	—

续附表 3.21

气体	溶解度符号	温度/°C								
		0	10	20	30	40	50	60	80	100
Ar	$\alpha \times 10^2$	5.28	4.13	3.37	2.88	2.51	—	2.09	1.84	—
Kr	α	0.111	0.081	0.063	0.051	0.043	—	0.036	—	—
Xe	α	0.242	0.174	0.123	0.098	0.082	—	—	—	—
Rn	α	0.510	0.326	0.222	0.162	0.126	—	0.085	—	—
O_2	$\alpha \times 10^2$	4.89	3.80	3.10	2.61	2.31	2.09	1.95	1.76	1.70
	$q \times 10^3$	6.95	5.37	4.34	3.59	3.08	2.66	2.27	1.38	0
N_2	$\alpha \times 10^2$	2.35	1.86	1.55	1.34	1.18	1.09	1.02	0.958	0.947
	$q \times 10^3$	2.94	2.31	1.89	1.62	1.39	1.21	1.05	0.660	0
Cl_2	l	4.61	3.15	2.30	1.80	1.44	1.23	1.02	0.683	0
	q	1.46	0.997	0.729	0.572	0.459	0.393	0.329	0.223	0
Br_2 （蒸气）	α	60.5	35.1	21.3	13.8	—	—	—	—	—
	q	42.9	24.8	14.9	9.5	—	—	—	—	—
空气	$l \times 10^2$	2.918	2.284	1.868	1.564	—	—	—	—	—
NH_3	q	89.5	79.6	72.0	65.1	63.6	58.7	53.1	48.2	44.0
H_2S	α	4.67	3.40	2.58	2.04	1.66	1.39	1.19	0.917	0.81
	q	0.707	0.511	0.385	0.289	0.236	0.188	0.148	0.077	0
HCl	l	507	474	442	412	386	362	339	—	—
	q	82.5	72.2	72.1	67.3	63.3	59.6	56.1	—	—
CO	$\alpha \times 10^2$	3.54	2.82	2.32	2.00	1.78	1.62	1.49	1.43	1.41
	$q \times 10^3$	4.40	3.48	2.84	2.41	2.08	1.80	1.52	0.98	0
CO_2	α	1.71	1.19	0.878	0.665	0.53	0.436	0.359	—	—
	q	0.335	0.232	0.169	0.125	0.097	0.076	0.058	—	—
NO	$\alpha \times 10^2$	7.38	5.71	4.71	4.00	3.51	3.15	2.95	2.70	2.63
	$q \times 10^3$	9.83	7.56	6.17	5.17	4.39	3.76	3.24	1.98	0
SO_2	l	79.8	56.7	39.4	27.2	18.8	—	—	—	—
	q	22.8	16.2	11.3	7.80	5.41	—	—	—	—
CH_4	$\alpha \times 10^2$	5.56	4.18	3.31	2.76	2.37	2.13	1.95	1.77	1.70
	$q \times 10^3$	3.95	2.96	2.32	1.90	1.59	1.36	1.14	0.695	0
C_2H_6	$\alpha \times 10^2$	9.87	6.56	4.72	3.62	2.92	2.46	2.18	1.83	1.72
	$q \times 10^3$	1.32	0.87	0.62	0.468	0.366	0.294	0.239	0.134	0
C_2H_4	α	0.226	0.162	0.122	0.098	—	—	—	—	—
	$q \times 10^2$	2.81	2.00	1.49	1.18	—	—	—	—	—
C_2H_2	α	1.73	1.31	1.03	0.840	—	—	—	—	—
	q	0.200	0.150	0.117	0.094	—	—	—	—	—

附表 3.22　常用加热浴种类

The Kinds of Common Calefaction Bath

序号 （No.）	名称 （Name）	加热载体 （Calefaction carrier）	极限温度 （Limiting temperature）/℃
1	水　浴	水	98.0
2	油　浴	棉籽油	210.0
		甘油	220.0
		石蜡油	220.0
		58～62 号汽缸油	250.0
		甲基硅油	250.0
		苯基硅油	300.0
3	硫酸浴	硫酸	250.0
4	空气浴	空气	300.0
5	石蜡浴	熔点为（30～60）℃ 的石蜡	300.0
6	砂　浴	砂	400.0
7	金属浴	铜或铅	500.0
		锡	600.0
		铝青铜（90%Cu、10%Al 合金）	700.0

注：1. 在使用金属浴时，要预先涂上一层石墨在器皿底部，用以防止熔融金属黏附在器皿上，尤其是在使用玻璃器皿时；要切记在金属凝固前应将其移出金属浴。

　　2. 初次使用的棉籽油，要保证最高温度不超过 180 ℃，在多次使用以后温度才可升高到 210 ℃。